アジアの生物資源環境学

持続可能な社会をめざして

東京大学アジア生物資源環境研究センター──[編]

東京大学出版会

Natural Resources and Environmental Sciences :
Approaches for Sustainable Society in Asia
Asian Natural Environmental Science Center, Editor
University of Tokyo Press, 2013
ISBN 978-4-13-071106-7

はじめに

　持続的社会やサステイナビリティという言葉が声高に叫ばれるほどに現在の社会の持続性は危ういものとなっている．考慮すべき持続性の範囲は人間活動の拡大，知識の拡大とともに広がり，いまや地球規模あるいは地球そのものの持続性にまで及ぶ．アジア地域における経済発展は目覚ましいものがあるが，その裏では収奪的資源利用による土地生産力の劣化や，環境許容力を超えた経済活動による環境の劣化およびそれによる生物資源の枯渇が顕在化，深刻化している．生物資源は，食料のみならず多岐にわたる人間活動のための材料であるとともに，その生産の場である森林や田畑，川，海を介して環境の一部を形成しており，その持続的利用なしには社会の持続性は実現しない．生物資源に備わる，ほかの資源にない特徴は自己生産性と環境応答性であり，これが持続的利用を考えるうえでの困難さと面白さを生み出している．生物資源は環境に規定されるものであるため，現場を抜きにその持続的利用を考えることはできない．ここに「生物資源環境学」が必要となる．本書では，生物資源の持続的利用に資することを目的として進められている生物資源環境学のさまざまな研究の成果を紹介しながら，アジア地域における生物資源利用が直面している諸問題への取り組み方を考える．
　第Ⅰ部では生物資源の利用を社会の持続性の枠組みの中で捉え直す．食料生産や材料供給という本来的意義のほかに生物資源生産には多元的な側面がある．生物資源の生産は環境と密接に繋がっているため，人間活動から大きな影響を受けると同時に逆に環境を通して人間活動に大きな影響を及ぼしうる．生物資源生産の多元的な側面を理解したうえで社会の持続性に適した生物資源の利用方法を追求することが大切である．生物資源利用の多面性について考察しながら持続的社会における生物資源利用のあり方について考える．
　第Ⅱ部では生物資源を淘汰の歴史の産物でありかつ未来の産物の原資である遺伝資源として捉え，その活用法を考える．ゲノム解析や遺伝子発現解析，遺伝子多型解析など，近年の遺伝子レベルでの解析法の進歩は著しく，生物

資源の持続的利用を考えるうえでも有用な情報をもたらしてくれる．実例を紹介しながら遺伝資源としての生物資源を見つめ直し，その未来を考える．第Ⅲ部では生物資源生産が直面している具体的課題を取り上げ，その解決に向けた新たな方法論を提示する．生物資源生産は人間活動の一環であるがために社会から切り離して考えることはできない．いかに優れた品種や栽培方法，加工方法，また科学的に妥当な生産システムが開発されたとしても実社会にその受容力がなければ定着しない．実社会の受容力に適合するような資源生産の方策を考案したり，逆に実社会の受容力を掘り起こす工夫を加えることによって生物資源の持続的利用の実現を目指す取り組みについて紹介する．

　本書は，生物資源に関わる環境問題に関心のある人とそれに関わる分野で学ぶ大学生を読者として想定しているが，生物資源環境学は確立した学問分野ではないため教科書ではない．扱う課題が広汎であるために，専門でない人も理解できるように平易な記載に心がけたが，読みにくい点があるかもしれない．ご批判を頂ければ幸いである．

　2013年3月

代表編者

則定真利子・小島克己

目 次

はじめに　i ……………………………………則定真利子・小島克己
序　章　アジアの生物資源と環境 ……………………………小島克己
　　1　生物資源環境学とは　1
　　2　なぜアジアか　4
　　3　「第Ⅰ部　生物資源の多面性と持続的社会」の構成　5
　　4　「第Ⅱ部　遺伝資源としての生物資源」の構成　6
　　5　「第Ⅲ部　生物資源の持続的利用」の構成　8

第Ⅰ部　生物資源の多面性と持続的社会

第1章　荒廃地に森を作る――環境造林の方法 ……………則定真利子
　　1.1　荒廃地と環境造林　13
　　1.2　荒廃地の環境ストレスと樹木の環境応答　18
　　1.3　環境造林の方法　24
　　1.4　環境造林の今後の課題　29

第2章　農業生産システムを生態系として捉える
　　　　　――生産と生物多様性保全の両立　………………大久保悟
　　2.1　農業生産と生態系管理　32
　　2.2　農業生産と生物多様性-生態系サービス　35
　　2.3　伝統的生産活動に学ぶ――アグロフォレストリー　40
　　2.4　自然と共生する社会づくりに向けて　46

第3章　木質資源を活用する――木材利用による地球環境貢献
　　　　………………………………………………………井上雅文
　　3.1　木材のフロンティア性　52
　　3.2　短所は長所　55
　　3.3　木材利用の地球環境貢献　58
　　コラム　木の長所を伸ばす材料開発　61 ……………足立幸司

第4章　地域を保全する──サステイナブルツーリズムの視点
　　　　　　　　　　　　　　　　　　　　　　　　　　……堀　　繁

　　4.1　地域を保全する考え方　64
　　4.2　地域の人々の地域認識を理解する　66
　　4.3　魅力を地域に取材し整備のための知見を得る　70
　　4.4　地域の活性化に欠かせない誰もが思う
　　　　 魅力とは何か　77

第Ⅱ部　遺伝資源としての生物資源

第5章　作物の遺伝資源を掘り起こす──ゲノム情報の利用
　　　　　　　　　　　　　　　　　　　　　　　　……根本圭介

　　5.1　品種改良と遺伝資源　85
　　5.2　さまざまな遺伝資源　86
　　5.3　自然変異の特徴　90
　　5.4　自然変異の遺伝解析　92
　　5.5　QTL からわかること　95
　　5.6　東京大学アジア生物資源環境研究センターによる
　　　　 QTL 解析用リソースの育成　97

第6章　野生植物を利用する──環境耐性の遺伝資源 …………高野哲夫

　　6.1　環境ストレスと野生植物　101
　　6.2　環境ストレス耐性関連遺伝子の解析法　104
　　6.3　アルカリ性塩類集積土壌と塩類極耐性植物　108
　　6.4　塩類極耐性植物の耐性機構　114

第7章　地下から森林を見つめ直す──菌根菌の底力…………奈良一秀

　　7.1　樹木と菌類の共生　119
　　7.2　生態系における外生菌根菌の役割　125
　　7.3　外生菌根菌群集　129
　　7.4　生物資源としての外生菌根菌　132

| コラム | 外生菌根共生系における物質転流を可視化する　137
　　　　　　　………………………………………………………呉　炳雲

第8章　遺伝子を通して個体群を捉える──資源管理への応用
　　　　　………………………………………………………練　春蘭

  8.1　集団の遺伝構造とその解析法　141
  8.2　富士山における樹木の定着過程　146
  8.3　マングローブの遺伝的多様性と繁殖様式　150
  8.4　海草の集団の遺伝構造と分布　155
  8.5　集団の遺伝子解析と生物資源管理の今後　157

| コラム | 外来樹種ニセアカシアの分布拡大経路を遺伝子から
　　　　　推定する　160……………………………………木村　恵

第III部　生物資源の持続的利用

第9章　農業生産システムを選択する──地域農学の視点　…鴨下顕彦

  9.1　農業生産システムを規定するもの　165
  9.2　アジアの稲作　170
  9.3　稲作改良のための研究技術開発　174
  9.4　農業の多面的機能　179

第10章　沿岸海域の環境を保全する──有害有毒微細藻類の生態
　　　　　………………………………………………………福代康夫

  10.1　沿岸海域資源利用が直面している課題　183
  10.2　有害有毒微細藻類の特徴　184
  10.3　東南アジアにおける有害微細藻類の大量発生　189
  10.4　東南アジアにおける有毒微細藻類の発生　191
  10.5　東南アジア沿岸海域における
　　　　　　有害有毒微細藻類問題の今後　195

| コラム | バラスト水とアジアの水棲生物　197…………都丸亜希子

第11章　熱帯泥炭湿地を保全しながら利用する
　　　　──再湛水化と木質バイオマス生産　………………小島克己

11.1　熱帯泥炭湿地と地球温暖化　200
11.2　再湛水化による泥炭湿地の保全　204
11.3　湛水環境での造林と木質バイオマス生産　205
11.4　湿地林樹木のバイオマス利用　210
11.5　熱帯泥炭湿地における持続的生産システム　212

コラム　*Melaleuca cajuputi* の営み　215 ……………………山ノ下卓

第12章　地域と地球を結ぶ——地域住民のケイパビリティ
　　　　　………………………………………………山ノ下麻木乃

12.1　途上国の森林管理は地球規模の問題　217
12.2　森林資源管理は地域住民の土地利用選択　218
12.3　京都議定書と A/R CDM　218
12.4　地域住民の土地利用選択とケイパビリティ　220
12.5　ベトナム A/R CDM プロジェクトの事例
　　　　——植林地の持続可能な管理に必要なケイパビリティ　223
12.6　住民のケイパビリティ向上の必要性　229

終　章　生物資源環境学のめざすもの……………………小島克己

1　生物資源間の相互作用　233
2　生物機能の活用　235
3　総合化の視座　236

おわりに　239………………………………則定真利子・小島克己
索　引　241
執筆者一覧

序　章　　　　　　　　　　　　　　　　　　小島克己
アジアの生物資源と環境

　本書のタイトルは,『アジアの生物資源環境学』である.「生物資源環境学」という耳慣れない学問分野を示す言葉に,さらに「アジアの」という地域概念を示す修飾語がついている.地域的特殊性よりもむしろ普遍的な真理を探究する自然科学系の学問分野では,地域を示す言葉をつけて学問分野を限定的に示すことは,博物学的な分野を除きほとんどない.どうして「アジアの」なのか.またそもそも「生物資源環境学」とは何なのか.本書の導入としてこれらについて少し説明する.

1　生物資源環境学とは

　生物資源環境学は,生物と資源と環境という言葉が列記されていて,何を対象としているのかがわかりにくい.生物資源環境学は,生物学,資源学,環境学を合わせたものであり,任意の2つを組み合わせて生物資源学,資源環境学,生物環境学などとしてもよい,というような暴論があるが,これは正しくない.正しくは生物資源と環境の学である.
　生物資源は生物の資源的側面を捉えた言葉であるが,この生物資源は,鉱物資源や石油・石炭・天然ガスなどとは異なり,再生可能な資源である.この再生可能であるという特性を支えているのが,植物による太陽エネルギーの固定システムである光合成である.この光合成により生産された有機物が,植物の体を作り,それを餌とする昆虫や動物の体を作り,さらにこれらの昆虫や動物を餌とする動物の体を作り,これらの動物や植物の遺骸を餌とする昆虫や微生物の体を作り,生態系内を流れていく.つまり,これらの生物資源のおおもとは光合成産物であり,太陽エネルギーであるため,生物資源は

再生可能資源であるといえる．

　再生可能であるということは，地球環境問題やエネルギー問題に関連して，生物資源が重要な意味をもつことを示している．ただ再生可能な資源ではあるが，常に持続可能な方式で生産されてきたというわけではない．再生可能であることと持続可能であることは異なるのである．

　生物資源の生産は，農業，林業，養殖漁業などによって担われている．農業による生物資源の生産に関していえば，近年，世界の農地面積はほとんど増加していない．増え続ける食料需要に応えるため農業生産量は増加しているが，この増加は単位面積あたりの収穫量（収量）の増加によって達成されている（第9章参照）．1940–60年代に開発されたコムギ，イネ，トウモロコシの高収量品種の導入と，これらの高収量品種の特性を活かすためのエネルギー・資材多投入の栽培法の開発が収量の増加に主に貢献している．この収量の飛躍的な向上は「緑の革命」と呼ばれている．イネについては1960年にフィリピンに設立された国際稲研究所が半矮性を導入した高収量品種の開発を主導し，肥料多投入による収量の増加効果が大きいイネ品種のIR8が作られた．

　この緑の革命によって収量は飛躍的に増大し，食料危機が回避されたことは非常に大きな意義がある．しかし，その反面，在来品種が栽培されなくなりその遺伝資源が失われるという生物多様性の低下の問題や，肥料，農薬を多投しないと高収量が維持できないことから化学物質による環境汚染の問題などが起こっている．また，耕作適地での灌漑などの農地基盤整備，施肥による集約的な栽培法が高収量品種とともにセットになってはじめて高収量が得られるため，基盤整備が十分に行われていない場合や資材投入が十分でない場合は，高収量品種の導入効果が得られず，かえって在来品種よりも収量が低くなることがある．とくに気象条件や土壌条件などに問題がある農業限界地では，より多くの資材投入が必要となるが，それが十分でなく，期待される収量が得られないという問題が生じやすい．農業限界地は土地生産力が低いためもともと貧困の問題があり，農民自身による資本投入は難しい．生産の持続性を確保するためには，品種の開発だけではなく，栽培環境と社会経済環境を把握し，適正な栽培法を見出し，統合的に技術を開発・普及していく必要がある．

この環境側の問題については，1980年代以降，認識されるようになり，研究が進んできている．しかし，低収量の地域での実際の適用はまだほとんど進んでいない．天水田地域（第9章参照）や陸稲栽培地域での収量は低い．半乾燥地における不適切な作物栽培が塩類の土壌への集積をもたらし，収量の低下や耕作放棄が起こっている場所もある（第6章参照）．近年，パーム油の需要が増え，熱帯アジア地域ではアブラヤシ農園が拡大しているが，アブラヤシ栽培に適した環境の把握が十分でなく，熱帯泥炭土壌という栽培の難しい問題土壌の地域にまで農園開発が行われている．この泥炭土壌では，酸性，貧栄養の問題があり，丘陵地での栽培よりもより多くの肥料，土壌改良資材の継続的な投入が必要になるはずである（第11章参照）．また，乾燥化による泥炭の分解による地盤沈下が起こり，排水が困難になり，収量が低下する可能性もある．この泥炭分解による二酸化炭素放出の増加は，地球環境上の問題にもなる．

　低収量地域での生物資源生産をどのように行っていけばよいのか．高インプット（高エネルギー・資材投入），高リターン（高収量）の技術の適用には限界があり，低収量地域での生物資源生産においてはこれまでとは異なる方向での技術の開発が必要となる．岡山大学名誉教授の武田和義博士は，地域の環境に調和した持続的生物生産技術開発の研究プロジェクトのシンポジウムで，この方向性を「低インプット，そこそこリターン」と表現した．高収量を目指すのではなく，低エネルギー，資材投入を大前提として収量の向上を図るということである．現地の栽培環境と社会経済環境を把握したうえで，低インプット（低投入）の方法の開発による生物資源生産の向上と持続性の確保を図る方向へ転換していく必要がある．

　アジア地域では，農業限界地の不適切な農業開発が進み，生物資源生産の持続性が確保できず，放棄された荒廃地が発生している．また，鉱山開発や森林火災などの，農業開発によらない荒廃地の発生も近年は多く見られる．こういった場所では当面はリターンを期待せずに，生物資源生産の持続性を確保できるまで環境の修復を進めていかなくてはならない．これまでも荒廃地の環境修復の技術開発研究は行われてきているが，まだ技術開発の途上であるといえる．この荒廃地の環境修復技術も低投入の方法でなくてはならない．また，農業限界地の開発を止め，現存する生物資源の有効な利用技術や

持続的な管理技術を開発する必要もある．

生物資源環境学は，この生物資源生産が存する場としての問題と，生物資源利用が引き起こす環境の問題を扱う学問分野である．

2　なぜアジアか

生物資源と環境の問題を扱う場合，自ずと対象地域が限定される．それは生物資源の分布や生物資源が存在する環境が地域により異なるからであり，生物資源利用の持続性は，地域の環境との関連において捉える必要があるからである．たとえば，生物間の共生機能を利用した低インプットの栽培法といったように，概念としてはグローバルに適用できるものであったとしても，現地への成果の適用の場面では，利用可能な共生関係の探索や適用可能な環境の把握の研究を積み上げていく必要がある．生物資源環境学はまだ新しい学問分野であり，特定地域に集中して，成果を積み上げる段階にある．しかし，あまり狭い地域を対象としていては，成果の普遍性の検証が困難になる．

本書ではアジアを対象とするが，ここでのアジアは，東アジア，東南アジアと南アジアの一部とし，西アジアなどの乾燥地は含めない．このアジア地域は，モンスーン気候下で稲作が卓越しており，米が主穀の地域である．稲作を中心とした文化的背景をもつ地域と捉えることもできる．

日本もこのアジア地域に属しており，高度に発達した稲作技術をもっている．日本の稲作技術は，水田適地が限られていることから高収量を目指して発達してきた．また，近年では高品質を目指した技術の蓄積がある．前節で述べたように，高収量技術は，必ずしも現在のアジアでの生物資源利用の持続性を図るうえでそのまま適用できるものではないが，稲作に関する技術や研究の蓄積や普及の経験は大いに役に立つだろう．

稲作だけではなく，日本にはアジア地域に共通する生物資源利用技術の蓄積がある．たとえば，養殖漁業の経験，技術の蓄積は多く，赤潮などの環境問題も経験している．また貝毒による食中毒では検査体制の整備などにより克服しようとしている（第10章参照）．人工林の育成技術や木質資源の高度利用技術の蓄積もある（第3章参照）．さらに天然林の持続的な管理技術や自然風景地の景観管理の手法も蓄積されている．生物資源利用が環境に与える

負の影響，たとえば，生物多様性の減少，土壌劣化，水域の富栄養化，農薬汚染などのさまざまな問題をこれまで日本は経験し，それへの対処に取り組み始めている．このような日本の経験や研究，技術の蓄積をアジア地域での持続的な生物資源利用技術の開発に活かすべきだろう．

日本は食料の輸入を通じ，アジア地域の生物資源利用にこれまで大きな関与をしてきた．高インプットによる高収量技術のアジア地域での普及に尽力し成果を挙げつつも，その一部は地域環境への悪影響といった問題を引き起こしてきた．熱帯林の伐採とプランテーション開発，あるいはマングローブ林域でのエビなどの魚介類の養殖池の開発は，日本への輸出に向けられたものが多い．そのためアジア地域の生物資源利用の持続性に対し日本は大きな責任を負っている．

この経験や研究の蓄積と責任という観点から，まずアジア地域から生物資源環境学を始めるべきだと考え，本書ではアジアを対象とする．

3 「第Ⅰ部 生物資源の多面性と持続的社会」の構成

生物資源と環境が一体となった生態系には多面的な機能がある．それは森林だけでなく，河川や沿岸海洋，あるいは水田や畑などの耕地でも見られる．森林生態系を例にとれば，木材生産の機能のほかに，きのこや山菜の非木材林産物の供給，生物多様性の保全，二酸化炭素の固定による地球温暖化防止，樹木の根張りによる地滑りなどの防止，植生による土壌表面侵食の緩和，土壌による洪水流出の緩和・水質浄化，レクリエーションの場の提供，景観の提供など，多岐にわたる機能がある．水田でも同様の多面的機能がある．第Ⅰ部では，この生物資源と環境の多面的機能の維持あるいは修復，強化の方法について考える．

第1章「荒廃地に森を作る――環境造林の方法」は，多面的機能の修復の話である．アジアには，人為的な影響により土地の生産力が低下し，生態系のさまざまな機能が低下している荒廃地がある．この荒廃地の生物生産力を回復し，持続的な生物資源利用を可能とするための環境造林の手法について解説する．荒廃地では厳しい環境ストレスが植栽した樹木に生じるため，これを克服し森林の再生を可能とするための低インプットの技術を開発する必

要があるが，そのための研究の基礎が示されている．

　第2章「農業生産システムを生態系として捉える――生産と生物多様性保全の両立」は，生物多様性を中心とした多面的機能の維持の話である．熱帯アジアでは，開発による熱帯林面積の減少と生物多様性の損失が大きな問題になっている．生物資源利用と生物多様性保全を両立させるために，森林-農業景観の中で生産活動の適切な空間計画を作成する必要がある．ここでは伝統的な生産活動であるアグロフォレストリーの多面的機能の維持効果を解説し，現代的な意義を提示する．

　第3章「木質資源を活用する――木材利用による地球環境貢献」は，生物資源のうちの木質資源に焦点をあてた，持続的社会の構築のための生産機能の強化の話である．木質資源は紙や住宅といったものを作る材料になり，エネルギーにも転換できる優れた再生可能生物資源である．この木質資源を効果的に用い，枯渇性資源である石油などの消費量を減らすことが持続的社会の構築にとって重要であり，地球環境の保全にも繋がる．ここでは木質資源の特性を解説し，木質資源利用の意義を提示する．またコラムでは，木材の長所を活かした高付加価値化の方法を解説する．

　第4章「地域を保全する――サステイナブルツーリズムの視点」は，多面的機能のうち景観を利用したレクリエーション利用機能の強化の話である．自然生態系や農業などの生業空間も含めた地域の景観は，それ自体に地域の歴史が刻み込まれており，文化的な価値がある．この景観の価値を利用し，観光などへの利用のためにその機能を強化することは，地域の環境の保全と地域社会経済への貢献という点で重要である．ここでは，地域の人々による景観認識の捉え方を解説し，観光開発のための地域計画の手法を提示する．

4　「第Ⅱ部　遺伝資源としての生物資源」の構成

　現存する生物資源は，生息環境において淘汰されてきた歴史をもっており，それが遺伝子に刻まれている．また栽培植物は育種という人為的な選択，淘汰を受けて受け継がれてきている．低投入の方法という新しい生物資源利用技術を開発するためには，生物のもつ力を引き出すことがとても重要であり，そのためには生物資源の遺伝的側面を理解する必要がある．第Ⅱ部では，生

物資源を遺伝資源として捉え，ゲノム解析や遺伝子発現解析，遺伝子多型解析，共生機能解析といった手法により，遺伝資源を理解し，その活用法を考える．

第5章「作物の遺伝資源を掘り起こす──ゲノム情報の利用」は，イネを中心とした遺伝資源としての作物の品種改良の話である．イネについてはこれまで多くの優れた品種が作られてきた．また近年のゲノム情報の蓄積は品種の開発を加速する力となっている．しかし，複数の遺伝子座が関与する収量などの量的形質の遺伝子座の解析は始まったばかりといってもよく，この解析のための研究材料の紹介を含めて解析事例を紹介する．

第6章「野生植物を利用する──環境耐性の遺伝資源」は，不良環境に対する耐性をもつ野生植物の解析と利用の話である．アジアにはさまざまな環境ストレスが生じている荒廃地があるが，これらの荒廃地でも生育している耐性野生植物がある．この野生植物の耐性機構を耐性遺伝子の解析により明らかにし，この機構を環境修復や耐性作物の作出に活かしていく必要がある．ここでは，アルカリ性塩類集積土壌に生育する野生植物の耐性機構の解明を中心とした事例を紹介する．

第7章「地下から森林を見つめ直す──菌根菌の底力」は，樹木と共生する外生菌根菌の機能の解析とその利用の話である．多くの樹木は，根での外生菌根菌との共生により利益を得ているが，土壌中での現象であり，その共生の実態や機能は明らかでなかった．DNA解析技術の進歩により，この共生機能が解明されつつあり，ここでは，その研究事例を紹介し，環境修復への応用の方法を提示する．またコラムでは，外生菌根共生系における炭素やリンといった物質の流れを可視化する手法を紹介する．

第8章「遺伝子を通して個体群を捉える──資源管理への応用」は，生物の遺伝的多様性や繁殖様式の解析と利用の話である．近年のDNA解析技術の進歩は，生物の遺伝的多様性の解析や集団の遺伝構造の解析を容易にした．これらの解析は，生物多様性保全の手法の確立や生物資源の持続的管理にとって重要な情報を与える．ここでは，富士山火山荒原での植生遷移やマングローブの遺伝的多様性，海草の集団遺伝構造の解析の事例を紹介し，生物資源管理への応用の方法を提示する．またコラムでは，ニセアカシアという外来樹木の管理に向けた遺伝子解析の事例を紹介する．

5 「第Ⅲ部　生物資源の持続的利用」の構成

　生物資源の利用は，人間の活動の基盤であり，それが地域社会のありようを規定してきたし，現在においても地域社会との相互作用を持ち続けている．低投入の持続的な生物資源利用技術が開発されたとしても，地域社会における受容が持続的社会の形成にとっての大きな課題となる．第Ⅲ部では生物資源利用が現在直面している具体的課題を取り上げ，地域社会の受容という観点からの考察を加え，その解決に向けた新たな方法論を提示する．

　第9章「農業生産システムを選択する──地域農学の視点」は，稲作を中心とした農業生態系とアジアの農村への研究，技術開発の適用についての話である．アジアの稲作はきわめて多様な形態をもっており，必ずしも高インプットによる高収量品種の栽培一辺倒となっているわけではない．ここでは地域の環境に適合した品種と栽培技術の組み合わせという生産システムの最適化を目指した研究開発の方向を示す．

　第10章「沿岸海域の環境を保全する──有害有毒微細藻類の生態」は，沿岸海域での生物資源利用の持続性を左右する有害有毒微細藻類の話である．アジアの沿岸海域では養殖漁業がさかんであるが，近年，有害微細藻類の大量発生（赤潮）による養殖漁業の被害や，有毒微細藻類が原因となる貝毒による食中毒事故の発生が問題となっている．ここでは，原因となる微細藻類の生態について解説し，これらの被害を軽減するための方策を示す．またコラムでは，船舶の浮力調整に用いるバラスト水を通じ，外来生物が地球レベルで移動している問題について解説する．

　第11章「熱帯泥炭湿地を保全しながら利用する──再湛水化と木質バイオマス生産」は，熱帯泥炭湿地という未開発フロンティアの開発の問題についての話である．熱帯泥炭湿地は膨大な炭素の貯蔵庫であるが，これが近年，アブラヤシなどの農園に転換されつつあり，乾燥化により二酸化炭素の放出源に転換されつつある．生物資源利用の持続性や地球環境の保全の観点からは湛水状態の森林に戻すのが望ましく，湛水状態での生産システムの開発が必要である．ここでは，熱帯泥炭湿地の開発の問題を解説し，湛水状態での森林の造成技術と持続的生産システムを提示する．またコラムでは，熱帯泥炭湿地の造林候補樹木である *Melaleuca cajuputi* の劣悪環境での生きざまを

解説する．

　第12章「地域と地球を結ぶ——地域住民のケイパビリティ」は，森林造成，森林管理を事例とした住民の土地利用選択に関する話である．これまでの経済学での前提である合理的な個人の想定では，現実の地域住民の意思決定を予測できないことがある．これに対し，個人が選択できる機能の組み合わせであるケイパビリティという概念を用いた解析が有効である場合がある．ここでは，このケイパビリティ・アプローチを用いて，京都議定書のクリーン開発メカニズムの1つである造林による炭素吸収源プロジェクトの事例を解析し，住民のケイパビリティの向上が森林管理の持続性にとって必要であることを示す．

　本書は網羅的，体系的な形ではないため，どこから読んでもかまわないが，できればすべての章を読み通してほしい．生物資源環境学が扱う課題はとても広く，その広さを知り，生態系の連関において生物資源利用の持続性を考えるという視点を読者にももって頂きたいからである．

第Ⅰ部
生物資源の多面性と持続的社会

第 1 章　　　　　　　　　　　　　　　　　　　則定真利子

荒廃地に森を作る
―― 環境造林の方法

1.1 荒廃地と環境造林

(1) 環境造林

　世界の森林は陸地面積の 3 割を占め，そのうちの 7% は私たち人間が植えた人工林である (FAO, 2010)．これらの人工林のほとんどは木材やパルプとして利用することを目的に造成され，経営されている．このような人工林はその木材産業や製紙産業の材料供給としての役割から産業林と呼ばれる．これまでの人工林造成・経営技術は資源としての木の利用を最大化するための努力の歴史であり，それを支える学問的基礎として林学が発展してきた．これに対して，資源の利用を第一義とせず，森林が生態系として有する環境修復・維持機能の発揮を目的とした森林造成として，環境造林がある (佐々木・浅川, 1994)．森林にはどのような環境修復・維持機能があるのであろうか．土壌への有機物供給や根系の発達による物理的・化学的土壌環境の改善，土壌中への雨水の浸透しやすさや土壌表面が被覆されることによる土壌表面流 (地中に浸透せずに地表を流れる水) の低減による洪水時の流出の緩和，林冠による太陽光の遮断による局所スケールでの環境の緩和，森林に依存する生物の量的増加や種数の増加，といった機能がある (只木, 1996；図 1.1)．また，地球温暖化問題に対する取り組みが喫緊の課題となっている昨今，森林がもつ炭素蓄積機能にも注目が集まっている．森林を造成することによって実際にこれらの機能がどの程度発揮されるかについては，造林地の環境条件や植栽する樹種，造成方法などの影響を受けるために一概にはいえないが，これらの機能の発揮を期待して行われるのが環境造林である．

図 1.1 タイ南部低湿地域に広がる砂質未熟土壌荒廃地における環境造林試験．開発により裸地化した砂質未熟土壌地域（左）に植栽試験地を設けて造林試験を行った（右）．森林が造成されることにより地表面に落葉落枝が堆積し，樹冠によって庇陰されるようになっている．

環境造林という言葉が使われるようになったのは比較的最近のことであるが，土砂流出の軽減を目的とした砂防造林や防風林，防砂林なども概念としては環境造林に含めることができると考えれば，環境造林の歴史自体はそれほど浅いものではない．また，最近では農業開発などにより生態系が変貌し希少種や種の多様性の喪失に直面している場所に森林を造成し，生態系の修復を目指す試みも各地で進められている．本章では，現在世界の各地で問題となっている土地の荒廃に対して環境造林が果たしうる役割を考え，実際に取り組むにあたっての問題点とその対処方法について考えてみたい．

(2) 荒廃地と環境造林

土地の荒廃が世界各地で問題となっている（Nachtergaele *et al.*, 2012）．「荒廃地」という言葉に接したときに想起する光景は人によってかなり異なるであろう．草木が生えず荒涼とした裸地を想像する人もいれば，森林の様相は呈しているが伐採や火災の影響を受けてかつて育まれていた多様な生物の姿が失われた，劣化した森林を想像する人もいるであろう．本章では，荒廃地を次のように定義する．人為的影響により土地の生産力が本来その土地に備わっている生産力よりも低下した状態にある土地．土地の生産力とは，生物生産力のことである．生物資源の源は一次生産者である植物であることから，土地の生産力とはすなわち土地が生産できる植物体量ということになる．人によっては土地の生産力を生態系サービスとして捉える人もいる．生態系サービスは，土地に成立している生態系から人間が享受するさまざまなもの，

生物資源そのものやそれを支える土壌の活力，水源涵養機能，遺伝資源，社会文化の源など，これらのものをすべてひっくるめて捉える概念である（第2章参照）．これらの生態系サービスが量的あるいは質的に劣化している状態にある土地が荒廃地である．冒頭に挙げた例のうち，荒涼とした裸地は，そこがそもそも気候的あるいは土地環境的に植物が生育できないようなところであれば先に定義した荒廃地の範疇には入らないが，かつてあった植生が何らかの人為的影響により失われたのであれば荒廃地であるといえる．劣化した森林には，伐採や火災による攪乱の程度により，かつての森林よりも生物生産力が失われている場合もあれば，構成生物の種組成が大きく変化しても生物生産力には影響がない場合もあり，前者は荒廃地とみなすが，後者は荒廃地の範疇に含めない．

　土地はなぜ荒廃するのか．土地の生産力とは生物とそれを支える土壌を含めた生態系の活力ともいいかえることができる．生態系は，系外から水と空気と光と一部の養分を供給されながら，土壌と生物の間で養分を循環させて自立的な系を維持している（堤，1987）．その結果として生産された生物資源を私たち人間が利用しているわけである．農作物を収穫すると，その循環を断ち切り，作物に吸収された養分を系外に持ち出すことになる．持ち出した分に見合った養分の補給，すなわち施肥をすればよいが，経済的にその余裕がない地域は多い．系外から供給されるよりも多くの水を消費してしまうことにより地下水位が低下し，その結果として植物が生育するのに十分な水が得られず，生産力が低下してしまう場合もある．あるいはまた，不適切な灌漑整備によって土壌の水分環境のバランスが崩れ，それまで地下深くに閉じ込められていた塩分が毛管水によって引き上げられて表層土壌に過剰に蓄積し，生産力が低下してしまう事例もある（第6章参照）．生態系には系外から作用を受けても系の恒常性を維持できるようにある程度の許容力が備わっているが（第2章参照），これらの例は人為的作用がその許容範囲を超えて加えられ，系の恒常性が保てなくなった結果であるといえる（久馬，1997a；図1.2）．

　私たちは生物資源に依存しながら生きている．米や野菜，魚，肉，果物などの食料はいうまでもないが，それらの食材を料理するのに必要な油もダイズやナタネ，アブラヤシなどの植物を原料としている．私たちの生活に欠か

図1.2 インドネシア東カリマンタン州に広がるチガヤ（*Imperata cylindrica* (L.) P. Beauv.）草原．かつては森林が成立していたが，森林伐採と度重なる火災によって森林は姿を消し，一面草地が広がっている（小島克己氏提供）．

せない紙類も植物から精製した繊維を原料としている．世界人口の増加と経済発展に見合った食料の供給が可能であるかという問題はよく取り上げられるが，これは食料以外の生物資源全般についても同様に問題となる．生物資源を育む土地が有限である以上，土地の生産力を持続的に最大限に発揮させることが人類の幸福にとって大前提となる．生産力が低下した土地をそのままに放っておく余裕は私たちにはない．荒廃した土地をそのままに新たな豊饒の地を探すには，地球はすでに狭すぎるのである．では，いかにして低下した生産力を回復あるいは改善するのか．荒廃地の土壌環境や水理環境，気象・気候条件などを的確に把握し，必要な資材を投入したうえで的確な管理をすることで生産力を回復させ，持続的な生物資源生産を営むようにすることができる場合もある．しかしながら，土地の荒廃が著しく，回復が困難な場合や，技術的には可能であっても経済的に困難である場合など，持続的な生物資源生産の確立を目指すことが困難な状態にある荒廃地も少なくない．そのような荒廃地に対して，その土地にかつて森林が成立していた場合には，森林のもつ環境修復・維持機能の発揮を目的とした森林造成，すなわち環境造林を選択肢として挙げることができる．森林が成立していた歴史がない土

地には成立を阻害する自然条件があると考えられるので，そこに森林を造成することは環境負荷が大きくなってしまう可能性が高く，選択肢とはならないと考える．次節以降，人為的影響により生産力が低下し，生物資源生産の回復が見込めないような荒廃地において環境造林を進めるにあたっての問題点やその解決のための方法について考えてみたい．前述のように荒廃地にはさまざまな状態のものがあるが，本章で対象とする荒廃地は，生産力が著しく低下した結果，植生がまばらになっている状態あるいは生えていても草類や低木がほとんどで森林が成立していない状態にある土地を指す．

(3) 環境造林における留意点

　環境造林による荒廃地の修復を実現可能なものにするために留意すべきこととして，社会的な受容，環境への影響，技術的な基盤，経済的な制度がある．社会的な受容に関しては，環境造林の目的が荒廃地の修復という人類の福祉のための行為であるからといって，対象地が位置する地域社会や国の意向を考慮せずに進めることはできないということを常に念頭に置きながら環境造林を進めていく必要がある．とくに地域社会の関わりについては，現状の利用形態など，明文化されていない慣習も多く，一見，ただの遊休地のように見えてもなにがしかの利用をしている場合など，配慮すべきものが少なくない．

　環境への影響に関しては，造林作業に伴って発生する影響と，森林が成立することによって発生する影響がある．造林作業に伴って発生する影響のうち環境負荷が大きいのは植栽前の環境整備に伴う攪乱や土砂流出であるが，これらの負の影響と環境造林による正の影響のバランスを考慮せずにやみくもに環境造林を進めては，最終目標である環境修復が実現できない可能性がある．森林造成後の影響としては，林冠による雨水の遮断や森林による水の利用が増える結果，周辺地域あるいは下流域での水の供給量が減る，といった影響がありうる．そのような影響がどの程度のものであるのかを認識したうえでその影響が許容範囲内であるかどうかを吟味しながら，総じて環境の改善・修復に結びつくように環境造林を進めていく必要がある．

　技術的基盤とは，造林を成功させるための育苗・植栽・育林などの技術のことである．生産現場の環境を制御できる工業生産とは異なり，造林の可否

は造林地の環境条件に大きく左右される．これまでの産業林では環境条件がある程度の範囲内にあるところを造林対象地としており，それに適った育苗，植栽，育林の方法が開発され，体系立てられてきた．環境造林で対象とする荒廃地ではこのような造林対象地に比べて環境条件が著しく劣悪であるため，通常の造林方法ではうまく植わらない場合が少なくない．環境造林を荒廃地修復の有効な手段とするためには荒廃地の環境特性に適った造林方法の開発が必要である．

環境造林を実施する際に留意すべきこれらのことに加えて，環境造林を実施しやすくするための社会的な枠組みとして経済的な制度も重要である．環境造林がもたらす効用に対して社会としてそのコストを負担するための補助金や基金などの制度設計が重要である．

環境造林による荒廃地修復を成功に導くためには，社会的受容，環境影響，造林技術，経済的制度のいずれも十分に検討しながら進めていく必要があり，それぞれに現状を把握したうえでの問題の整理と対応策の検討が重要であるが，本章では，環境造林の技術的基盤に的を絞って話を進めていく．

1.2 荒廃地の環境ストレスと樹木の環境応答

植えた木がうまく根付き，成長するかにはその場所の環境が大きな影響を及ぼす．荒廃地では高温や乾燥，貧栄養など植物の生育を阻害するさまざまな環境ストレスがある．このような劣悪な環境にある荒廃地に造林をする場合，客土や土壌改良材の投入などにより環境を大規模に改変して造林を容易にするという方法もないわけではないが，環境造林が目指す方向性である，持続的な生物資源生産を見すえると，造林も，荒廃地の現状をできるだけそのままに受け入れて行う，低投入型がふさわしいであろう．それには，造林する場所の環境を把握し，植栽木の生残・成長を損ないうる環境要因を絞り込み，それらに対応した育苗方法・植栽方法の開発を行うことが不可欠である．本節では熱帯の荒廃地で造林をする際に植栽木の生存・成長に影響を及ぼしうる環境要因について概説する．

(1) 温度

　温度は植物の生存・成長を規定する重要な環境要因である．どの植物にも生存・成長に適した温度範囲（至適温度）があり，その範囲よりも温度が低くても高くても成長が阻害され，場合によっては生存が難しくなる（ラルヘル，2004b）．荒廃地では植生による太陽光の遮断が少ないために日中の温度が上昇しやすく，高温ストレスが植栽木の生育阻害要因となりうる．とくに熱帯地域では日中の炎天下の高温は植栽木にとって厳しいものとなる（図1.3）．日中の高温ストレスについては，気温だけでなく，土壌の温度についても同様のことがいえ，とくに土壌表面近くでは1日の温度変化の幅が大きい．乾季がある地域では乾季に土壌が乾燥すると土壌の比熱が小さくなるた

図1.3　タイ南部砂質未熟土壌荒廃地の地表面．植生がまばらなために地表面が露わになっており，乾燥しやすく，土壌表層の温度は日中，50℃近くになる．中央にある植栽木は環境造林試験で植栽したフタバガキ科 *Shorea roxbughii* G. Don（小島克己氏提供）．

め，いっそう温度が上がりやすくなる．温度は植物のさまざまな代謝に影響を与えるが，地上部への影響で主に調べられているのは光合成への影響である．温度ストレスが植物に与える影響についてはモデル植物以外では主に温帯産の作物種を対象に研究が進められてきており，低温ストレスに比べると高温ストレスの影響については知見が少ないが，高温下で光合成が阻害される機構についてはある程度の知見が得られている．土壌の高温が植物に与える影響についてはさらに知見が少ないが，根が高温にさらされると根の通水機能が阻害され，また窒素の吸収も阻害されることが筆者らの研究により明らかになっている（則定ら，未発表）．生育至適温度は種によって異なるが，同じ種でも分布域や生育環境によって異なる場合がある．これには，世代を超える時間スケールの中で生育環境に適した温度特性が遺伝的に固定されたことによるものと，個体が温度環境に応答して適応的な形質を発現させていることによるものとがある．前者は造林する樹種の産地特性として活用でき，後者は育苗方法の検討の際に参考になる．苗木を生産する苗畑の温度環境が植栽地のそれとあまり違わないように留意することによって，植栽時に苗木にかかる環境ストレスをある程度緩和することができる．

(2) 水

水に関連するストレスには乾燥ストレスと過湿ストレスの2つがある（テイツ・ザイガー，2004）．乾燥ストレスは植物が十分な水分を得られないような状況にある場合に生じるストレスであるが，その原因には土壌の乾燥と空気の乾燥の2つが関わっている．葉は個体の成長の材料を作り出す光合成の場であると同時に植物体の水分が蒸発していく主な通り道でもある（ホルブルック，2004）．葉から失われる水分を根からの吸水で補うことによって植物体の水分状態が保たれるわけであるが（ラルヘル，2004a），そのバランスが崩れると個体は水分欠乏状態になり，細胞の伸長や分裂，光合成などの阻害を通じて生育が阻害される．土壌が乾燥すると根からの吸水が減り，また空気が乾燥すると葉からの蒸発（蒸散）が増えて，ともに環境ストレスの原因となる．樹木がどの程度の乾燥に耐えられるかは種によって異なる．また，乾燥ストレスに対して植物は，葉からの水の出口である気孔を閉じて蒸散を抑える，葉と根の量比を変える，水を吸いやすいように細胞内の溶質濃度を

図 1.4 苗畑における湛水育苗試験.

高める，といった適応的反応をすることが知られている（テイツ・ザイガー，2004）．これらの適応的反応は育苗方法の検討の際に有用である．苗畑では通常，苗木の生育を阻害しないように十分な灌水を行うが，植栽前の一定期間，灌水を停止する「硬化処理」を施すことがある．これは，硬化処理によって苗木を乾燥環境にさらし，苗木の適応的反応を引き出すことを目的としたものである．

　過湿ストレスは，土壌の透水性が低いために土壌中の孔隙の多くが水で満たされた状態になり，その結果，土壌中への酸素の拡散が不十分となり，根が酸素不足に陥ったり土壌が還元状態になったりすることにより生ずるストレスである（ラルヘル，2004b）．地形的要因などにより地下水位が地表面よりも高い状態にある湛水状態でも同様のストレスが生じる．植物の中には，過湿ストレスによって生じる低酸素ストレスに対して根や地際近くの茎の内部に通気組織と呼ばれる空隙を発達させ，根への酸素供給を補うような反応を示す種があることが知られている．また，低酸素ストレス下では酸素に依存しない嫌気呼吸が増大し，酸素不足によるエネルギー不足を補う反応を示

す種があることも知られている（テイツ・ザイガー，2004）．造林地で低酸素ストレスが想定される場合には，苗畑で苗木を湛水状態で育成することにより低酸素ストレスに対する適応的な生理的・形態的反応をあらかじめ引き出し，植栽後の苗木の生残率を高めるような育苗方法の可能性も検討されている（図1.4）．

(3) 養分

　土地の荒廃は土壌養分環境の劣化を伴っていることが少なくない．養分環境の劣化には養分の不足と養分の過剰のいずれもがありうる．土壌表面が植生により覆われていないと雨水や風による侵食で表土が流亡しやすくなる．土地の生産力を支えている土壌中の養分は土壌中に均質に分布しているのではなく，表層土壌に偏って分布している（久馬，1997b）．これは，土壌表面に堆積した植物遺骸を微生物が分解し，その過程で遊離した窒素やリンなどの化合物が表層にとどまって植物への供給源となっているためである．植物遺骸あるいは根からの分泌物などにより有機物が蓄積している表層土壌は，それを分解する微生物などの活性も高く，土壌の養分供給機能の要を担っているといえる．そのため，表土の流亡は，たとえそれが表層のごく薄い部分であったとしても土地の生産力に与える影響が小さくない．

　表土の流亡は土壌そのものがなくなるわけであるが，それ以外に，土壌はなくならないがそこに含まれている養分の分布が変わることによって養分環境が劣化している場合もある．植物は土壌中の養分を水に溶け込んでいる状態で根から吸収するので，土壌養分環境とはすなわち土壌水の溶質組成ということになる．土壌中にはさまざまな溶質が含まれており，それらの量と土壌粒子への吸着性，さらに溶質間の相互作用の結果，土壌水の溶質組成が決まる．降水量が多いと溶質の濃度が薄まり，その結果，土壌粒子に吸着されていた溶質が土壌水中に遊離してくる．降水が多くて下方への水の流れが増えるとその水に溶け込んだ溶質が持ち去られることになる．このようにして土壌中の養分が洗い流されてしまった結果，貧栄養になっている荒廃地は少なくない．逆に降水が少なく表層が乾いているために毛管現象によって地下水面から表層に向かう水の流れができ，その水に溶け込んだ塩類が表層での水分の蒸発により表層に蓄積して植物の生育を阻害するほどに塩分濃度が高

くなってしまっている場合もある．根の吸水は半透膜性である細胞膜を介した吸水であるため，細胞の周囲の水の塩分濃度が高いと吸水しにくくなる．また，塩分そのものによる代謝阻害もある（テイツ・ザイガー，2004）．

作物の養分過剰害でよく問題となるのは，酸性土壌や土壌の酸性化に伴うアルミニウムやマンガンなどの有害物質の溶出である（三枝，1997）．アルミニウムは根の伸長阻害を引き起こし，その結果，十分な養水分を吸収できず成長が阻害され，場合により個体が枯死する．過剰アルミニウムに対する耐性は作物の中でも種によって異なり，また品種間でも差がある．樹木を含む野生植物では作物種に比べて耐性が高いものが多く報告されており，荒廃地での生育阻害要因として過剰アルミニウムが寄与しているかどうかについてははっきりしていない．

(4) 土壌物理環境

土地の生産力を決める土壌環境要因としては，土壌の化学性と並んで，透水性や通気性といった土壌の物理性も重要である．土壌は土壌粒子が隙間なく詰まった固相ではなく，土壌粒子同士の間にさまざまな空隙があり，その一部は土壌水で満たされているような，固相・気相・液相の三相からなっている．土壌粒子や空隙のサイズ組成は土壌の透水性や通気性に影響する重要な因子である（八木，1994）．重機の走行などにより土壌が締め固められると空隙が少なくなり，透水性や通気性が損なわれ，生産力の低下の原因となる．また，圧密により土壌が硬くなり，根が入り込みにくくなることによって成長が阻害される場合もある．土壌の硬さによる生育阻害に関しては，人為的な影響によるもの以外にも，鉄と有機物の結合などによって形成された非常に硬い層（盤層）が下層にあるために排水性が悪かったり，根が深くまで伸びることができなかったりするために生育が阻害されている場合もある．

(5) 光

光は光合成の原資であり，植物にとって欠くことのできないものであるが，あればあるだけ成長が促進されるというものではない．光が弱い条件での光合成の光応答を見てみると，光合成量は光の量に比例して増えるが，ある程度光が強くなると光合成量の増加率は徐々に低下していき，さらに光が強い

条件では光合成量が光の量に応答しないようになる．これは光合成に利用できる光量に限界があるためで，この限界を超えた量の光エネルギーは植物に障害をもたらしうる（ブランケンシップ，2004）．植物にはこの過剰光エネルギーによる障害を回避するような機能が備わっており，過剰光エネルギーが生じるとただちに光合成機能に障害が生ずるというわけではないが，その回避機能の能力を超えると光合成機能に障害が生じ，場合によっては葉の損傷を介して個体の生育阻害・枯死が生じる．光合成に利用できる光量は種によって異なり，また生育環境によっても変わる．温度ストレスや養分ストレスが生じている荒廃地では葉の光合成機能が低い，すなわち利用できる光エネルギーの量が少ないため，過剰光エネルギーによる障害が生じやすい．

1.3 環境造林の方法

(1) 樹種選抜

造林地の環境条件に適した樹種を植えるというのが造林の基本である．通常の造林の場合，造林地に適した樹種を選ぶか，あるいは逆に樹種に適した造林地を探すということができるが，造林対象地が先に決まっている環境造林では，後者の選択肢はない．対象とする荒廃地に生じている環境ストレス

図1.5 タイ南部砂質未熟土壌荒廃地に植栽した *Acacia mangium*（小島克己氏提供）．

を把握し，それに適応可能な樹種を選択して植栽することが望ましい（小島，1998）．実際のところ，樹木，とくに熱帯樹木の環境ストレス耐性についての知見は非常に限られており，これまでの造林実績から荒廃地における造林成績がよい，限られた種を植栽しているのが現状である．東南アジアの荒廃地造林では，マメ科の *Acacia mangium* Willd., *A. auriculiformis* A. Cunn. ex Benth., フトモモ科の *Eucalyptus camaldulensis* Dehnh. などが主要な造林樹種である（図1.5）．

(2) 苗木生産

　育苗方法は植栽後の生残・成長を規定する重要な因子である．苗木にとって植栽は生育環境の激変と一時的な養水分吸収の遮断を意味する．荒廃地造林ではたいていポットの土をつけた状態で植えるが，苗木の運搬時やビニルポットを外すときに根が傷み，吸水能が損なわれることが少なくない．植栽後にポットの土のまわりの土壌に根が伸びて養水分を吸収できるようになるまでは，苗木はポットの土と自身に含まれる養水分に依存して生き延びなければならない．その間，葉からの蒸散の出口である気孔が閉じ気味となるのは蒸散量を抑える点では適応的であるが，同時に光合成の材料である二酸化炭素の取り込み量が減ることになり，光合成量が低下する．そのため，デンプンなどの貯蔵炭水化物が生育に必要な炭水化物の供給源として重要となる．窒素やリンなどの養分に関しても炭水化物同様，苗木に蓄えられたものが生育のための重要な原資となる．葉の材料として使われた窒素やリンはその葉が古くなると回収されて新たに形成される器官に送られ，その材料となる．また，貯蔵物質の形態で蓄えられている窒素やリンも新たな器官の形成に重要な材料である．十分な蓄えを備えた苗木の育成が重要となる．

　植物は生育環境に対して生理的・形態的に適応しながら生きている．乾燥した環境では，細胞内の溶質の濃度を高めることによって水を吸収しやすくしたり，根を伸ばして，蒸散の場である葉の量に対して吸水の場である根の量を多くし，個体の水分の維持を図ったりすることができる（テイツ・ザイガー，2004）．光が弱い環境では，光合成のための光エネルギーを吸収するクロロフィルの量を増やしたり，受光面である葉の表面積を増やしたりしてより多くの光を吸収できるようにすることができ，逆に光が強い環境では，

クロロフィル量を減らし，葉の表面積を減らす一方で厚さを増して単位面積あたりの二酸化炭素を固定する場を増やすことによって豊富な光エネルギーを有効に利用することができるようになる（モーア・ショッパー，1998）．育苗方法を工夫することによってこのような植物の環境適応能力を植栽前にあらかじめ引き出し，植栽の成功率を高めることができる．

　植物は根から吸収する養水分と葉から取り込む光エネルギーと二酸化炭素によって個体を維持し，成長している．光合成能力の高い葉をつけていても十分な水分供給がなければ二酸化炭素の取り込み口である気孔が閉じてしまい，その能力を発揮することができず，場合によっては葉が萎れ，落葉あるいは個体が枯死に至ることになる．苗畑では定期的な灌水もあり培土も工夫されているので良好な土壌環境にあり，多少，根系の発達が悪くとも苗木は生育することができるが，荒廃地では降雨に依存した土壌水分環境であり，さらに土壌養分環境も悪いので根系の発達が植栽後の苗木の生残・成長にとって非常に重要となってくる．植栽前に一定期間，灌水を停止して，乾燥に耐える苗木に仕立てる「硬化処理」が施されることがあるが，これは培土を乾燥させることによって根系の発達を促し，器官配分をより乾燥に適したものに整えるものである．

　苗木の養水分吸収機能の強化に関連して，外生菌根菌を利用する例もある．外生菌根菌は樹木の根に感染して樹木から光合成産物を供与される一方で，樹木の養水分の吸収を促進することによって相利共生系を確立している（詳しくは第7章）．これを利用して苗畑での育苗段階で苗木に菌根菌を感染させることによって植栽後の生残・成長を改善しようという試みがなされている．菌根菌を接種したことにより植栽後の生残が改善したという報告はあるが，これが接種した菌根菌の養水分吸収の促進機能が荒廃地で発揮されたことによるものなのか，あるいは接種したことにより栄養状態がよく，サイズの大きな苗木を仕立てることができたことによるものなのかについて，分離して検討したものはない．改善効果の機構解明については今後の課題であるが，菌根菌が十分に発達するような苗木づくりというのは根系が発達した丈夫な苗木づくりと矛盾するものではないので，積極的に利用してもよいであろう．

　熱帯の苗畑では光が強いので通常，日覆いをした状態で苗木を育てることにより，水管理をしやすくしていることが多い．植栽後は炎天下にさらされ

図 1.6 苗畑．庇陰下で育てた苗木（左）を植栽前，一定期間全天光下に置くことで光硬化処理を施す（右）（小島克己氏提供）．

ることになるので，植栽前の一定期間は日覆いを外して強光条件に苗木を馴らす「光硬化処理」をする必要がある（図 1.6）．強光条件では光が強いだけでなく，温度も上がりやすく，また乾きやすいので，光硬化処理によってそのような環境に適した光合成特性・器官配分の備わった苗を仕立てることができる．

(3) 地拵え

低投入型の造林を目指すために大規模な整地は行わないとはいえ，植栽木の生残・成長を改善するための最低限の造林地整備（地拵え）は必要である．植栽という苗木にとっての環境の激変に対して，苗木を工夫することによってその激変を少しでも緩和しようというのが苗木作りであり，植栽地を工夫することによって緩和しようとするのが地拵えである．植栽地に競合植生がある場合にはある程度の除草が必要である．土壌が硬い場合には耕耘も苗木の生残に有効に働く（図 1.7）．また湛水しやすい場所では，盛り土を作ってそこに植えたり，筋状に細い排水溝を入れることによって排水をよくしたりすることにより，苗木の生残が改善する場合がある．

(4) 先行造林

地拵えの変形版として，目的樹種を植栽する前に環境ストレス耐性の高い樹種を植えて成林させ，造林地の厳しい環境を緩和するという「先行造林法」がある（佐々木・浅川，1994）．林が成立すると林冠での太陽エネルギー

図1.7 地拵えとしての耕耘．タイ南部砂質未熟土壌荒廃地における環境造林試験での例．耕耘することにより苗木の植栽後の生残率が改善する場合がある（小島克己氏提供）．

の遮断により，林の中は温度が上がりにくくなり，その結果，蒸発も抑えられ，空気も土壌も乾きにくくなる．また，植栽木の根が発達することにより土壌の物理性が改善され，林からの有機物の供給により土壌の物理性・化学性の改善も期待される．それらの相乗効果として土壌の微生物活性も活発となり，土壌の化学性のさらなる改善を促す．このようにして環境を改善することにより，植栽できる樹種の選択肢を増やすことができる．

先行造林の実施例はそれなりにあるが，先行造林によって目的樹種の生残・成長がどの程度改善したかについて調べた報告例は少ない．また，先行造林によって環境がどのように変化するかを調べている例も少ない．タイ南部の砂質荒廃土壌に Acacia mangium を植栽した例では，成林によって温度環境がかなり改善されている（則定ら，2006；図1.8）．とくに土壌表層の温度環境の緩和が著しい．

先行造林樹種としては，効果の確実性とコストの面から成林が確実でかつ早い樹種が望ましい．東南アジアの荒廃地で今のところ候補となるのは Acacia mangium や A. auriculiformis などの外来早成樹であるが，そのほかに在来種の中にも候補となりうるものがあるので，知見の蓄積が望まれる．

図1.8 先行造林候補樹種である *Acacia mangium* の林内で成長する在来有用樹のフタバガキ（小島克己氏提供）.

1.4 環境造林の今後の課題

(1) 情報の集約と環境造林技術の体系化

　荒廃地における造林に関する知見は個別の事例報告があるものの，それらをとりまとめて体系立てたものはない．技術的に取り組むべき課題は植栽地によって異なるので，たとえ体系があったとしてもそこに具体的な答えが記されているわけではないが，造林を成功させるための要となる部分には個別の事例を超えた共通項があるので，体系立てることによってその部分が明確となり，新規の事例でも取り組むべき事項が見えてくる．これまでの個別の事例について，気象条件や立地環境，植栽樹種，育苗方法，植栽方法などの具体的情報を付した状態で生残や成長，病害虫といった植栽成績をとりまとめ，それらをもとに荒廃地における造林方法を体系づける取り組みが望まれる．

(2) 在来樹種の検討

これまでのところ荒廃地の造林に用いられる樹種はほとんど外来の早成樹である．育苗や植栽の容易さ，成長の早さという点で実績のある種に限られてしまうのはやむをえないことではあるが，周辺地域への分布の拡大や生息可能な生物の種類などを考慮すると在来の造林樹種の選択肢の拡大が望まれる．

(3) バイオマス利用の選択肢の拡大

環境造林を成功させるためには成立した林を持続的に利用する系を確立し，その林が存在することによって周辺地域の人々が経済的に潤うようにすることが必要である．そのためには造林によって得られるバイオマスの利用価値を高めることが重要である．第11章では熱帯泥炭湿地におけるそのような取り組みについて紹介されているので一読されたい．

引用文献

ブランケンシップ，R. E. 2004. 光合成——光反応．（テイツ，L.・ザイガー，E., 編，西谷和彦・島崎研一郎監訳：植物生理学第3版）pp. 109–141. 培風館，東京．

FAO. 2010. Global Forest Resources Assessment 2010. Main Report. FAO, Rome. http://www.fao.org/forestry/fra/fra2010/en/ （2012/1/9）

ホルブルック，N. M. 2004. 植物における水収支．（テイツ，L.・ザイガー，E., 編，西谷和彦・島崎研一郎監訳：植物生理学第3版）pp. 47–64. 培風館，東京．

小島克己．1998. 荒廃した土地の環境修復．（武内和彦・田中学，編：生物資源の持続的利用　岩波講座地球環境学6）pp. 151–172. 岩波書店，東京．

久馬一剛．1997a. 地球環境における土壌生態系の役割．（木村眞人，編：土壌圏と地球環境問題）pp. 2–16. 名古屋大学出版会，名古屋．

久馬一剛．1997b. 土壌とは何か．（久馬一剛，編：最新土壌学）pp. 1–9. 朝倉書店，東京．

ラルヘル，W. 2004a. 水分生理．（佐伯敏郎・舘野正樹監訳：植物生態生理学第2版）pp. 157–200. シュプリンガー・フェアラーク東京，東京．

ラルヘル，W. 2004b. ストレスを受けている植物．（佐伯敏郎・舘野正樹監訳：植物生態生理学第2版）pp. 231–307. シュプリンガー・フェアラーク東京，東京．

モーア，H.・ショップァー，P. 1998. 光合成システムとしての葉．（網野真一・駒嶺穆監訳：植物生理学）pp. 219-236. シュプリンガー・フェアラーク東京，東京．

Nachtergaele, F., R. Biancalani and M. Petri. 2012. Land degradation. SOLAW Background Thematic Report 3. http://www.fao.org/nr/solaw/thematic-reports/en/（2012/1/9）

則定真利子・山ノ下卓・小島克己．2006．熱帯荒廃地の環境造林．熱帯林業，66：29-37.

三枝正彦．1997．酸性土壌におけるアルミニウムの化学．（日本土壌肥料学会，編：低pH土壌と植物）pp. 7-42. 博友社，東京．

佐々木惠彦・浅川澄彦．1994．熱帯造林．（佐々木惠彦・八木久義・大庭喜八郎・浅川澄彦・原田洸・藤森隆郎・安藤貴・前田禎三：造林学）pp. 199-229. 川島書店，東京．

只木良也．1996．森林が生み出す環境．（森林環境科学）pp. 84-119. 朝倉書店，東京．

テイツ，L.・ザイガー，E. 2004. ストレス生理学．（テイツ，L.・ザイガー，E.，編，西谷和彦・島崎研一郎監訳：植物生理学第3版）pp. 601-634. 培風館，東京．

堤利夫．1987．森林の物質循環．東京大学出版会，東京．

八木久義．1994．土壌の性質．（熱帯の土壌――その保全と再生を目的として）pp. 54-75. （財）国際緑化推進センター，東京．

第 2 章　　　　　　　　　　　　　　　　　　　　大久保悟

農業生産システムを生態系として捉える
――生産と生物多様性保全の両立

2.1　農業生産と生態系管理

(1)　危機に迫る生物多様性

　東南アジアなど，湿潤熱帯地域に位置する開発途上国の経済発展は著しい．市場経済やグローバル化の影響を強く受け，こうした国々の農業生産システムは急激に変化している．急速に進む農地拡大や集約的な農業の展開は，地域および全球レベルのさまざまな環境問題の要因になっており，天然林などの自然生態系のみならず，生産の場である農林地の環境劣化を引き起こしている．これからさらに，人口増加やグローバル経済の浸透が強く予想される中で，持続可能な社会を形成していくためには，農業生産と環境保全をいかに両立させられるかがこれまで以上に強く求められている．
　とくに東南アジアに広がる熱帯林は，生物多様性の宝庫であるとともに二酸化炭素の吸収・固定源としてその適切な保全が叫ばれている．近年各国の保全活動により若干の改善傾向が見られるが，依然として面積減少は進行している (FAO, 2010)．生物多様性の保全に向けた国際的な取り組みである国連の生物多様性条約では，2010年までに生物多様性の損失速度を顕著に減少させるという目標を2002年に採択した．しかし，2010年に愛知県で開催された生物多様性条約第10回締約国会議 (COP 10) において，その目標は達成されなかったと報告された (SCBD, 2010)．さまざまな地球環境問題を比較し，地球システムが自律的に問題の進行から回復できるレベルにあるかどうかを評価した研究によれば，生物多様性損失の問題は，気候変動といったほかの地球環境問題よりはるかにこの自律的回復レベルを超えていて，後

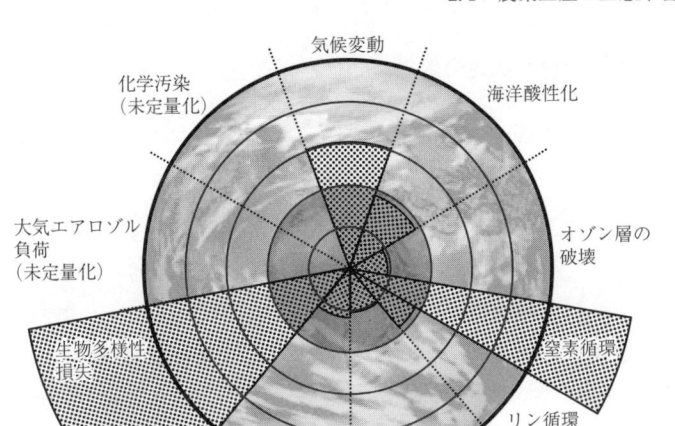

図 2.1 地球環境問題別の深刻さ（Rockström *et al.*, 2009 より改変）．さまざまな地球環境問題ごとに近年の深刻化の度合いをまとめたもので，地球儀の中心にある灰色の範囲が，自律的に問題の進行から回復できるレベルで，網掛けの部分が項目別の深刻化の度合いを表す．生物多様性の損失や窒素循環の問題は，気候変動の問題よりも深刻化の程度が非常に大きいことがわかる．

戻りできない状況にあるという（Rockström *et al.*, 2009；図 2.1）．こうした状況の下，生物多様性の宝庫である熱帯林保護がよりいっそう強く求められるようになっており，COP 10 で採択された生物多様性に関する 2020 年までの新たな国際目標，いわゆる愛知ターゲットの中でも，熱帯林を含む保護区面積のさらなる拡大（陸域の 17%）が求められている．しかし，まったく手つかずの熱帯林はほとんど存在しないといわれている（Kareiva *et al.*, 2007）．すでに人間活動の影響下にある熱帯林から人間を排除して自然保護区を設定することは現実的ではないし，周辺に広がる農林地からの影響（外来種の侵入や汚染物質の流入）から保護区を切り離すことも困難であることから，トップダウンで強制的に保護区を設定するだけでは生物多様性の損失を食い止めることはできない．そのため，残された自然生態系とその周辺も含めて人間活動の影響とどう調整を図るのか，人間・社会−生態システムの包括的な管理が必要とされている（Perfecto and Vandermeer, 2008）．

(2) 生産活動と自然保護の両立に向けた考え方

　人口増加が著しい熱帯に位置する開発途上地域において，自然保護と生産活動の維持・向上をどのように両立させるのか，これまでさまざまな理論が示されてきた．その1つに，現存する農地または荒廃した土地で単位面積あたりの生産性を向上させて，新たな農地拡大から自然保護地を守る「ランド・スペアリング（land sparing：土地の抑制）」という考え方がある．これは，農業景観の中に自然や半自然の生物生息空間を確保しながら生産活動と生物多様性保全を両立させる「ランド・シェアリング（land sharing：土地の共用）」という考え方とよく対比される（Balmford et al., 2005）．理論的には，自然保護と生産活動を明確に分離したほうが，生物多様性の保全，とくに森林環境に強く依存した生物を保全するためには有効であるといわれている（Green et al., 2005）．しかし，熱帯に位置する開発途上地域において持続可能な集約農業を展開できるのか，展開できたとしても実際に森林伐採の圧力を低減するのかなどの異論も多い（たとえば，Angelsen and Kaimowitz, 2001；Ewers et al., 2009）．

　東南アジアでは，主食となる穀物類，とくに水稲栽培の土地生産性は向上しており，食料増産は新たな農地開発ではなく肥料投入などによる単位面積あたりの収穫量向上の貢献が大きい（武内ら，1998）．国際連合食糧農業機関（FAO：Food and Agriculture Organization of the United Nations）の統計データベースFAOSTATを用いて世界124カ国の土地生産性と森林面積の変化を1979年と1999年で比較した研究によると，開発途上国では，主食作物の土地生産性が向上すると森林面積が増加する傾向にあり，過去の実績からランド・スペアリングは実現可能としている（Ewers et al., 2009）．しかし，主食作物の生産性が向上すると，主食作物以外の1人あたりの耕地面積が増加傾向にあることも同じ研究で明らかとなっている．その要因として，主食作物の生産性向上が労働力や資金の余剰を生み，商品作物を耕す土地が拡大したとしている．この傾向は，開発途上国での食生活の変化や，森林伐採を伴うアブラヤシといったバイオ燃料作物の耕作面積拡大で加速するであろう．ランド・スペアリングへの異論にあるように，集約的農業を展開して土地生産性だけでなく労働生産性をも向上させると，あぶれた農業労働者や集約的

農業の恩恵にあずかれなかった人々が，目の前にした集約的農業の経済性に魅せられて，森林域に新たな開発フロンティアを求める懸念や，そもそも集約的農業が単位収量あたりの必要面積を減少させたとしても，灌漑用水の需要が増えて陸水環境の悪化に繋がることも指摘されている（Angelsen and Kaimowitz, 2001；Matson and Vitousek, 2006；Perfecto and Vandermeer, 2008）．

生物多様性保全と生産活動の両立に関するこれら2つの理論は，どちらか1つを選択しなければならないわけではない．その地域や国の社会経済および政治的条件に応じて，さらには保全対象となる生物によって，両者を組み合わせた政策展開が必要といえる（Phalan et al., 2011）．限られた自然生態系における生物多様性を適切に保護しながら，化学肥料や農薬といった購入資源に依存しない「持続可能な農業集約化（sustainable intensification；The Royal Society, 2009）」を展開することがまず重要である．そして，こうした農地が，自然保護区の緩衝帯や野生生物が自然保護区間を移動する経路となりうるように，森林-農業景観の全体の中で生物多様性保全と生産活動を両立させるような空間計画が求められる（Schroth et al., 2004；Gardner et al., 2009）．

2.2　農業生産と生物多様性-生態系サービス

(1)　生態系サービスの考え方

　土地生産性や労働生産性を向上させるために，農業生産の場において生物多様性が失われていく理由は単純である．遺伝型や種，そして群集いずれの多様性が存在しても，多くの場合に栽培管理が複雑になり，短期的に見れば収量や収益性が低下してしまう．そのため，多様性をなくす方向に農業生産システムが変化するのである（Ewel, 1991）．しかし，単一種栽培で長期的に高い生産性を維持するためには，化学肥料や農薬，エネルギー，そして資金投入が恒常的に不可欠であり，病虫害や土壌侵食などの土地劣化に直面し，高い生産性をずっと維持するのは難しい（Ewel, 1999）．とくに東南アジア開発途上国の農村部では，小作農をはじめとする貧困農民が多いため，化学肥料や農薬を購入し続けることは困難である．こうした多くの農民は，無償で

得られる身のまわりにある生物資源に強く依存した生業活動を行っているため，地域生態系の機能が低下してしまうと自然の恵みを享受できなくなり，生存の危機にさらされてしまう．近年，この「自然の恵み」のことを「生態系サービス（ecosystem services）」と呼び，その発現や維持に生物多様性が大きな役割を果たしているとされ，人間の福利のために，生物多様性と生態系サービスを守っていく必要性が叫ばれている（MA, 2005）．

これまで生物多様性を保全することは，多くの場合それ自体が目的で，遺伝資源が新たな医薬品開発に重要であること以外は，種や生態系を守る意義をわれわれの生活に結びつけて考えることが難しかった．そのため，この生物多様性-生態系サービスの考え方は，生物多様性損失の問題を身近なものにし，生態系サービスを享受するために生物多様性を利活用しながら保全する必要性を認識する契機になったといえる．もちろん，開発途上国の貧困農民にとって生物多様性が重要であることを論じた研究の歴史は古いが（たとえば，Beer and McDermott, 1989），その多くは野生動植物の直接利用，生態系サービスの種類でいえば生態系供給サービスに着目したものである．近年は，生態系が健全に機能するために，生産の場も含めた生物多様性の果たす重要性を明らかにしようとする研究が増えてきた（Mertz *et al.*, 2007）．

(2) 生物多様性と生態系機能

生物多様性を維持することでどのように生態系の機能が健全に働き，生態系サービスの発現に繋がるかについては，これまで理論的な整理が行われている（Loreau *et al.*, 2001；Swift *et al.*, 2004；Hooper *et al.*, 2005；Kremen, 2005）．生物多様性と生態系機能の関係について，上記の論文などをもとに概説すると，生物多様性，とくに種の多様性は，生態系機能の「レベルの向上」と「安定性の向上」という2つの側面で寄与するという（Hooper *et al.*, 2005；宮下ら，2012；図2.2も参照）．

生態系機能のレベルは，その生態系のバイオマス量や純一次生産量で捉えることが多い．種の多様性が高いと生態系機能のレベルが向上する仕組みに「サンプリング効果（sampling effect）」というものがある．これは，1つの生態系の中にたくさんの種が存在すると，その中に生産量などを向上させる種（たとえば窒素固定が可能なマメ科植物など）が含まれる機会が増加するた

2.2 農業生産と生物多様性-生態系サービス

サンプリング効果
たとえば，種 A がその場所でもっとも生育のよい種であった場合，点線枠のように少ない種を選ぶよりは，実線枠のように多くの種を選んだほうが，偶然に種 A を選ぶ可能性が増えるため，なるべく多くの種を抽出（サンプリング）することで，全体の生産量が高くなることが期待される．

相補性の仕組み
たとえば，白抜きの種が明るい場所で生育する種で，黒塗りの種が暗いところでも生育できる種だとすると，点線枠では，すべての種が明るい光しか利用できないので，これらの種の陰になる暗い環境は利用できない．一方，実線枠では，暗いところでも生育できる種も含むので，暗い環境も利用できる．そのため，実線枠のように種を選んだほうが，全体の資源を効率よく利用することが可能になる．

機能の安定性の仕組み
同じ資源を利用する白抜きの種であっても，旱魃などの環境変動に対して成長量の応答が下のグラフのように異なる場合，時間変化を考えると，多くの種が存在したほうが生態系全体の生産性は安定する．

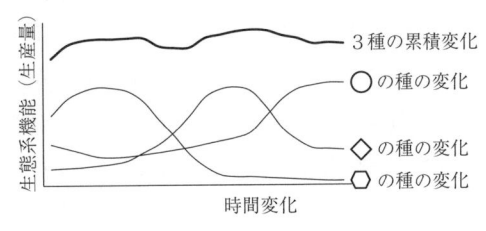

図 2.2 生物多様性（種の多様性）が生態系機能の向上に貢献する仕組み．

めに，多くの種があったほうがよいという考え方である（図 2.2 右上）．また，圃場実験の結果から，単一の作物を栽培したときの収量と比較して，ほかの種と混植したときの収量が高くなることが知られている．これは，「相補性（complementarity）」の効果と呼ばれ，光や水，土壌養分などの資源の利用が混植した種で異なる場合，その場所にある資源を複数種で効率的に利用できることで，全体の生産性が向上するためと考えられている（図 2.2 左）．このレベルの向上に関していえば，ある程度の種の多様さがあればよく，それ以上に種の多様さが増加しても生産性の向上といった機能の向上は期待できない（飽和してしまう）ことが明らかになっている．そのため，生態系機能の維持に高い生物多様性を守る必要はないのでは，という疑問も多い．

しかし，機能の安定性の向上を考えると，高い生物多様性を保全する重要性が見えてくる．この安定性とは，環境変動に対して生態系が変わらず機能するか，または一時的に機能が低下してもすぐにもとの機能レベルまで回復するか，というふうに評価されるものである．種の多様性が生態系機能の安定性に貢献する仕組みとしては，旱魃といった環境変動があった場合，この

環境変動に対して反応の異なる種が多く存在すれば，1つ1つの種の個体数や生産量が激しく増減しても，生態系全体で累積すると，系としての生産量などは環境変動に対して安定すると考えられている（図2.2右下）．さらに，生態系での多層な栄養段階や，たんに生産性だけではなくそのほかの生態系機能をあわせて考えていくと，生態系を健全な状態に維持するのに必要な生物多様性はさらに多くなるといわれている（Hooper *et al*., 2005）．

（3） 農業景観における生物多様性と生態系サービス

農林地は，食料や木材，燃料など，人間の生活に重要な資源を生態系供給サービスとして提供してくれる場所である．同時に，作物の送粉サービスや病虫害抑制サービス，土壌形成や養分循環サービスといった生態系サービスの恩恵を受ける場所であり，また，購入資源に依存しない持続的な生物生産を行うために恩恵を受けなければならない場所でもある．こうした生態系供給サービスを向上させ，持続的な生物生産を行うための生態系サービスを確保するのには，2つの生物多様性を考えなければならない（図2.3）．

1つは，農林地内の生物多様性である．前項で生物多様性が生態系機能，とくにバイオマス生産に寄与する仕組みを紹介したように，資源の相補的利用といった複数種間の正の相互作用で，単一栽培より混植栽培のほうで生産量が多くなることが知られている．また，多様な作物種や品種を混植するこ

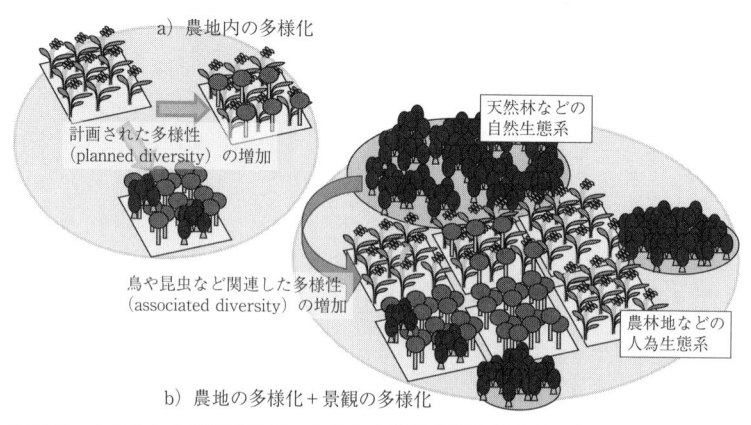

図2.3 農林地および農業景観における生物多様性を保全する仕組み．

とで，病害虫の発生と被害を抑制することを実証した研究も多く存在する（Ewel, 1986；Zhu et al., 2000）．こうした現象は，農林地内で栽培される作物種や品種を多様にすることで，そこを生息地にする生物の種類が増えた効果と考えられている．

もう1つは，農林地外の生物多様性である．とくに低投入型の農業生産を実践するためには，天然の送粉サービスや病害虫の抑制サービスが重要である．送粉サービスでいえば，全世界で栽培される作物のうち87種が，また全世界で生産される作物量の35％が，動物による花粉媒介に依存しているといわれる（Klein et al., 2007）．こうしたサービスを提供してくれる生物（ecosystem service providers；Kremen, 2005）である，ハナバチ類や寄生バチ類，鳥類は，農林地内だけで生活史を完結することはまれであるため，サービス提供生物群の適切な生息環境を農林地周辺に担保していくことが重要となる．実際に，湿潤熱帯アジアでも主要な換金作物であるコーヒーも，動物による受粉に強く依存していることがわかっている．多くの研究から，コーヒー農園の近くに森林があることでハチ類の訪花回数や実際の結実数が増え，逆に森林からの距離が遠くなると著しく結実率が下がることが明らかとなっている（Klein et al., 2008）．さらに，コーヒーの単一栽培地よりも，緑陰樹やほかの木本種が混在するアグロフォレストリー（後述）のようなコーヒー栽培地のほうが，ハチ類の密度が高くなることも知られている．このことは，農地だけではなく，農地の周辺に森林や半自然的な生態系を残すような農業景観という2つの空間スケールでの管理を考えなければ生態系サービス提供生物の種多様性を高めることができず，農業生産に必要な生態系サービスを確保できないことを示している．

このように，農業生産の場において生物多様性を保全し，それを直接の資源として適切に利用すると同時に，生物多様性を維持したからこそ得られる自然の恵みとして生物多様性を利活用することは，持続的な農業生産のためにも重要なのは間違いない（Alitieri, 1999）．上記のように，生物多様性と生態系機能との関係，そして生態系サービスとの関係について，新しい知見や，生物多様性の価値を実証する成果が得られつつある．こうした知見を，実際の土地管理者や政策決定者に提示し，環境保全と農業生産が両立することを広く理解してもらうことが今後必要となる．それには，2012年4月に設立

された，生物多様性版の IPCC（Intergovernmental Panel on Climate Change：気候変動に関する政府間パネル）とも呼ばれる IPBES（Intergovernmental Science-policy Platform on Biodiversity and Ecosystem Services：生物多様性および生態系サービスに関する政府間科学政策プラットフォーム）の役割も期待される．

2.3 伝統的生産活動に学ぶ——アグロフォレストリー

(1) なぜアグロフォレストリーなのか

　年中暖かく，湿潤な気候環境は，樹高 50 m を超え，巨大なバイオマスを維持する熱帯林を想像してもわかるように，潜在的に湿潤熱帯の高い生物生産力を支える偉大な環境要因である．しかし皮肉にも，こうした気象環境は農業の大きな制約要因にもなる（Ewel, 1986）．熱帯地域の高い気温は，温帯地域と比べて土壌の風化速度を 3 倍から 6 倍にし，蒸発散量をはるかに上回る降雨量は，地表面を覆う植物がなくなると土壌侵食を引き起こし，土壌の肥沃性を著しく低下させる．熱帯低地林が成立する土壌も，自然状態で強く風化されているために岩石由来の無機物に乏しく，落葉の分解速度も速いため，土壌の有機物層も非常に薄い．それでも高い生産力を維持しているのは，長い時間をかけた遷移の過程で，徐々に樹木内と表層土壌に養分を蓄積し，土壌表層に張りめぐらされた根系が分解された養分を捉え，早い養分循環で自身の巨大な現存量を支えているからといわれている（久馬, 2001）．そのため，熱帯林が失われてしまうと，この早い養分循環系がなくなり，貧栄養な土壌環境からもう一度巨大なバイオマスを維持した系を再生するのは困難になる．

　こうした熱帯地域の畑作として，焼畑による移動耕作が古くから行われてきた．樹木を燃やして植物体に蓄積された栄養分を利用して一年生作物を耕作し，土壌がやせると耕作を放棄し，自然遷移のプロセスを経ながら再度木本類に栄養分を蓄積させて地力回復を図る農法が必然的であったのだろう．では，水稲耕作を別にして，湿潤熱帯地域において畑作を継続的に行う農法はあるのだろうか．その 1 つに，熱帯林などの自然生態系の機能や構造を模倣した農法であるアグロフォレストリーが挙げられる．1970 年代中期に熱

帯地域における持続可能な農業として注目され，1978年に設立された国際アグロフォレストリー研究センター「ICRAF：International Centre for Research in Agroforestry」（2002年より別称として，世界アグロフォレストリーセンター：World Agroforestry Centre）を中心に，これまで膨大な研究蓄積がなされている．

アグロフォレストリーとは，本来は農業（agriculture）と林業（forestry）を複合的に組み合わせた生産形態のことを指す．近年は，より幅広い概念でアグロフォレストリーを捉え，「農地内，または農業景観内に木本類を取り込むことによって，社会経済的，環境的な利益を増加させ，生産を多様化させる，生態学的知見にもとづいた自然資源管理の実践形態（Kohli et al., 2008）」と定義されている．アグロフォレストリーの大事な点は，湿潤熱帯の気候・土壌環境で重要な役割を果たす木本類を農地内に持ち込むことで，木本類の落葉落枝から養分供給を期待し，樹冠遮断で雨滴強度を減少させて土壌侵食を抑え，深い根をもつ木本類が溶脱した土壌養分を地上に吸い上げることで根の浅い一年生作物が利用できる養分を提供し，天敵生物に生息地を提供して一年生作物の病虫害を抑制するといった効果が得られることにある．さらに，身近に入手可能な木質資源を提供してくれるため，熱帯林など自然生態系の破壊を抑制するとともに，農地周辺に残存する自然生態系間の生物や遺伝子移動を促進することなどの効果も発揮する（Kohli et al., 2008）．

(2) アグロフォレストと生物多様性–生態系サービス

前節で述べたように，熱帯林の生物多様性を保全するには，その周辺も含めた人間活動との調和が求められている．そのため，農林地やその周辺の人間の影響下にある景観全体において生物多様性を保全することが重要である．その中で，アグロフォレストリーを実践する土地利用であるアグロフォレストが，生物多様性保全と生産活動を同所的に両立させる形態として注目されている（Bhagwat et al., 2008；Scales and Marsden, 2008；Chazdon et al., 2009）．既往の研究成果を総括したこれらの論文によれば，熱帯林に生息する多くの生物がアグロフォレストでも確認できることが明らかとなっている．しかし，すべての森林性種の代替生息地になるわけではなく，森林環境に強く依存している種の保全には，アグロフォレストは期待できないこともわかってき

いる（Scales and Marsden, 2008）．

　アグロフォレストの役割は，たんに森林性種の生物生息空間だけではない．食料生産の場でもあり，薪や建築材など木質資源を供給する場でもある．とくに，後者の役割は，天然林での資源収奪圧を低減するのに重要といわれている（Murniati et al., 2001）．これは，筆者がインドネシア西ジャワ州で，現地のパジャジャラン大学生態学研究所と10年以上にわたり行ってきた共同研究の成果からも確認できる（Okubo et al., 2010）．

　ジャワ島は，伝統的なアグロフォレストリーシステムが多く存在することで世界的に知られている．その1つに，日本の屋敷林のように，家屋周辺で果樹や建築材種，野菜などの一年生作物を栽培するホームガーデン，インドネシア語でプカランガン（pekarangan）と呼ばれるものがある．もう1つに，タケや果樹など多様な木本作物から構成される樹木畑，インドネシア語でタルン（talun），スンダ語でクボン・タタンカラン（kebon tatangkalan）と呼ばれるものも有名である（Christanty et al., 1986；Parikesit et al., 2004）．ジャワ島は，世界の中でも人口密度の高い島の1つで，天然林はわずかにしか残されていない．天然林から20 km以上離れた集落で，134世帯において家庭燃料に関する聞き取り調査を行ったところ，約6割の世帯が薪を利用しており，約4割は，灯油やプロパンガスと同程度かそれ以上の割合で薪に依存していた（Okubo et al., 2010）．この薪を利用している9割以上の世帯が，図2.4の写真に見られるようなタルンから薪を採取しており，その中で，他人が所有するタルンから採取する世帯数もかなりの割合であることもわかった．これは，タルンやそのほかの農地を所有しない小作農の割合が高いためであるが，タルン所有者のほとんどが，落枝や枯死木であれば，他人が薪として採取するのを容認しており，それが地主としての社会的役割であると回答したことは興味深い．家庭燃料を薪に依存している割合は，西ジャワのほかの集落でも同程度で（Parikesit et al., 2001；Gunawan et al., 2004），とくにタルンを所有しない貧困小作農にとって，きわめて重要な生態系供給サービスをアグロフォレストが提供してくれていることがわかる．

　もちろん，このタルンから得られるのは薪だけではなく，自給および出荷目的で多様な資源を供給してくれる．上記の薪利用を調査した集落で，83カ所のタルン（総面積8.6 ha）において植生調査を行ったところ，果樹や建

図2.4 インドネシア西ジャワにおけるアグロフォレストの一形態であるタルン（talun）の様子．土地所有者によって樹種の構成はさまざまで，左がタケ類が優占するもの，中央が多様な果樹を中心としたもの，右が丁字栽培に特化したもの．

築材種，建築・工芸目的に利用されるタケ類，マメ類を生産する樹種，香辛料など工業目的の樹種，薬用目的の樹種など，きわめて多くの多年生の作物が栽培されていた（Okubo et al., 2010）．果樹を中心に，収穫物は自家消費または集落内で無償配布されるほか，香辛料でもっとも換金性の高い丁字（フトモモ科 *Syzygium aromaticum* (L.) Merr. & L. M. Perry）や建築材は市場出荷されていた．このように，タルンは食料獲得の場でもあり，現金収入を得る場でもある．さらに貧困住民に余剰収穫物は無償配布され，薪とあわせて集落内の相互扶助の役割を果たしている．

多様な多年生作物が栽培されるタルンであるが，個人所有であるため，土地所有者の意向で作物の構成は大きく異なる．一般的に，収益性を高めるためには，換金性の高い多年生作物のみを栽培する樹木畑に変化していくと思われる．実際に，調査したタルンでも，より換金性の高い工業目的の樹木種や建築材種が優占する区画も確認できることから，収益性を高めようとすれば，換金作物の栽培に特化した樹種構成になる．すなわち，作物種の多様さと収益性には負の相関関係があると想定される．しかし，調査した83カ所のタルンで，区画内の多年生作物種の多様性と，収穫物をすべて市場出荷した場合に得られる単位面積あたりの粗収入の関係を見ると，けっしてトレードオフの関係ではないことがわかる（Okubo et al., 2010；図2.5）．作物種の

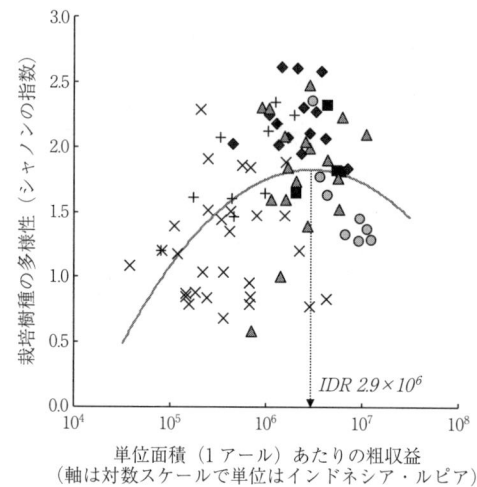

図 2.5 インドネシア・西ジャワの伝統的なアグロフォレストであるタルンにおける栽培する樹種の多様さと収入の関係(Okubo et al., 2010 より改変). 1つ1つのシンボルは，調査した 83 カ所を示し，構成する樹種が類似するものは同じシンボルで示してある．また，図中の曲線は，多様さと収益の関係を推定する回帰曲線を表す．29 万インドネシア・ルピアまでは，栽培樹種を増やすほど粗収入が増加するが，それを超えて収益を上げようとすると，換金性の高い作物のみを生産するタルンに変化していく.

多様さと収益性にトレードオフの関係があれば，このグラフで右肩下がりの直線が現れるはずであるが，ある粗収入までは，多様性が高まれば粗収入も増える関係にあることがわかった．もちろん，ある粗収入を超える場合には多様性が下がり，調査したタルンの場合には，丁字に特化した種構成になっていく．ただし，図を見てもわかるように，多様性を高く維持しながら高い粗収入をあげられるタルンも存在しており，そうしたタルンの特徴として，単位面積あたりのタケ・樹木密度が非常に高い傾向も確認できた．つまり，タルンのタケ・樹木密度を高く維持することで，多様性を確保しながら収益性も高められると考えられる．しかし，タケ・樹木の密度を高めると，アグロフォレストリーの負の側面によく挙げられるように，作物種間で資源競合，とくにタケ・樹木の場合には光資源の競合が問題となる．図 2.6 は，タルン

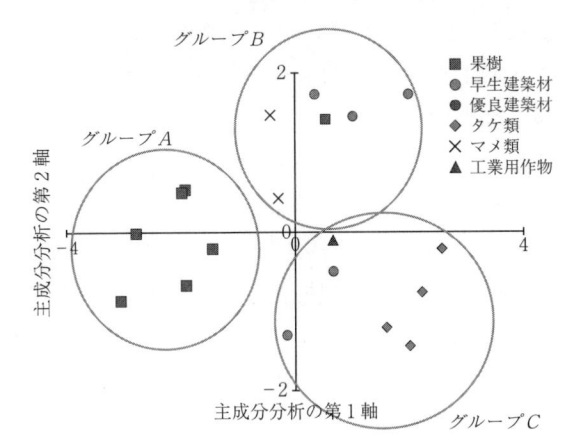

図2.6 インドネシア・西ジャワの伝統的なアグロフォレストであるタルンで栽培される樹種の葉特性で見た特徴．光合成を行う能力に関連した葉の特徴（単位重量あたりの葉の面積や窒素含量など）をもとに，それぞれの種の葉の特徴が似ているかどうかを主成分分析という手法で解析した結果で，それぞれの点に対応する種が図の中で近いほど，特徴が似ていることを表す．また，シンボルの違いは，果樹や建築材種などの利用目的の違いを示す．果樹だけから構成されるグループAは，暗い光環境に特化した種群で，早生の建築材種を含むグループBは，明るい光環境に特化した種群，タケ類を含むグループCは，明るいところと暗いところ，両方の光環境で生育できるよう，葉の特性を変えることのできる種群である．

を構成する主要なタケ・木本の22種を対象に，光合成能力と関連する葉の特性を調べたものである．この図で，点の位置が近い種ほど，光合成能力に関する特性が類似していることを示す．それを見ると，タルンに見られる多年生作物の光獲得に関する特性は，(1) 弱い光でも光合成速度を維持できる種群，(2) 強い光に特化した種群，(3) 明るいところの葉（陽葉）と暗いところの葉（陰葉）で葉の特性を変化させてさまざまな光に適応できる種群，の3つに大別できることがわかった（Okubo et al., 2012）．作物の種類で見ると，ほとんどの果樹が(1)の種群，早生の建築材種が(2)の種群，タケ類が(3)の種群の特性と対応していた．つまり，多様な目的の多年生作物を混在させることは，異なった光環境を効率よく利用するのに適していて，前

節で述べた資源利用（ここでは光資源）の相補性が働き，タケ・木本の栽培密度を高めることが可能となり，植物種の多様性がバイオマス生産の向上に繋がることを強く示唆している．

　このタルンにおける多年生作物の多様性が増加したことで，鳥類やチョウ類，クモ類などの多様性も高まることが徐々にわかってきている（Parikesit et al., 2012）．今後は，生産に直接関係しない生物の多様性が，タルン周辺の畑地における送粉サービスや病害虫抑制サービスに繋がることを実証する研究を積み重ねていく必要がある．タルンのようなアグロフォレストリーを通じて，収益性を向上させながら生物多様性を保全していくことは可能なはずである．

2.4　自然と共生する社会づくりに向けて

(1)　生態系サービス供給者へのインセンティブ

　湿潤熱帯で生物多様性のホットスポットと呼ばれる地域の 80％ は，貧困層の多い地域と重なるといわれており（Fisher and Christopher, 2007），生物多様性保全と貧困撲滅は同時達成が必要とされている．また，前述したように，自然保護区の中だけで生物多様性保全を完結することは難しく，保護区以外の民有地でも適切な保全計画が不可欠である．しかし，経済的な理由から，農地拡大や農業の集約化が起こってしまう．これを回避して，生物多様性を利活用しながら保全する自然共生社会を実現するためには，土地所有者・管理者，さらには政策決定者に対して，生物多様性や生態系サービスを保全するための動機づけを行うことが重要である．その1つに，前節で述べたように，生物多様性を保全することが生態系サービスの発現に繋がり，自分たちの生業活動に恩恵をもたらすことを理解してもらうことが重要と考えられる．国連環境計画（UNEP）が主導している「生態系と生物多様性の経済学（TEEB：The Economics of Ecosystems and Biodiversity）」のプロジェクトでは，こうした生物多様性や生態系サービスの価値を科学的に評価し，それを政策決定者や行政担当者，さらにビジネスセクターを啓蒙し，それぞれの立場でどう行動すべきかを具体的に示す取り組みを行っている．TEEB

のこれまでの報告書は，地球環境戦略研究機関（IGES）で和訳が公開されている（http://www.iges.or.jp/jp/news/topic/1103teeb.html：2012 年 12 月 14 日時点）．

さらに，最近試みられている環境や生態系サービスへの直接支払い（PES：Payment for Ecosystem Services または Payment for Environmental Services）のように，環境破壊を抑制する制度だけではなく，土地所有者・土地管理者に経済的インセンティブを与えて，自然保全を誘導する制度的枠組みも重要といえる（Tomich *et al.*, 2004；Wunder, 2007）．こうした PES の枠組みを効果的に実施するには，誰がサービスの購入者になるのか，枠組みを導入したことで追加されるサービスを，何をベースラインにどう計測するのか，サービス提供者の契約遵守をどう監視するのかなど，考慮すべき事項も多い（Wunder, 2007）．そのため，行政能力の開発も含めた国際社会の連携が不可欠といえる．

(2) 社会・生態システムを相互に繋ぐ

アジア諸国の多くでは，人間は自然の一部であり，人間活動と自然環境の保全は調和しうるという概念は古くから培われてきたものといえる．そのため，西洋諸国に比べて，自然共生社会という発想は，アジア諸国で受け入れやすいだろう．しかしながら，環境劣化や生態資源の枯渇は，西洋諸国よりアジア地域で問題となっているのも事実である．その要因はさまざまだろうが，グローバル経済などの影響により社会・文化システムが大きく急激に変化した結果，地域の生態資源を管理する伝統的な慣習や知識が失われてしまったため，もしくは従来の資源管理手法では扱いきれないほどに生態システムが変化してしまったため，環境劣化が顕在化したと考えられる．

社会システムを伝統的なものに固定することは不可能であろう．インドネシアの西ジャワにバドゥイ（baduy）と呼ばれる少数集団がある．プウン（puun）という宗教上の指導者を中心に，電気など近代的なものをいっさい受け入れず，先祖代々の慣習と宗教に従った伝統的な生活文化を維持している．自ら近代化を排除して文化的アイデンティティーを固守している彼らであっても，土壌の肥沃性低下という問題に対処するため，重要な宗教行事を妨げない範囲で外来材木種を導入して生業を変化させた（詳しくは Iskandar and Ellen, 2000). このように，社会システムの変化は不可避といってもよい．大事なのは，社会システムは変化することを前提に，生態システムが大きく不可逆的な変化を起こさないように，生業の変化に対してどのように生態システムが変化しているのかを注意深く観察し，生態システムを急激に変化させない生業のやり方を常に模索できるような，社会の意思決定に関わる仕組みをどう構築できるかであろう．その素地は，アジア諸国の地域社会に本来備わっているものと信じたい．

引用文献

Alitieri, M. A. 1999. The ecological role of biodiversity in agroecosystems. Agriculture, Ecosystems & Environment, 74：19–31.

Angelsen, A. and D. Kaimowitz, eds. 2001. Agricultural Technologies and Tropical Deforestation. CABI Publishing, Willingford.

Balmford, A., R. E. Green and J. P. W. Scharlemann. 2005. Sparing land for nature：exploring the potential impact of changes in agricultural yield on the area needed for crop production. Global Change Biology, 11：1594–1605.

Beer J. H. and M. J. McDermott. 1989. The Economic Value of Non-timber Forest Products in Southeast Asia with Emphasis on Indonesia, Malaysia and Thailand. Netherlands Committee for IUCN, Amsterdam.

Bhagwat, S. A., K. J. Willis, H. J. B. Birks and R. J. Whittaker. 2008. Agroforestry：a refuge for tropical biodiversity？ Trends in Ecology and Evolution, 23：261–267.

Chazdon, R. L., C. A. Harvey, O. Komar, D. M. Griffith, B. G. Ferguson, M. Martnez-Ramos, H. Morales, R. Nigh, L. Soto-pinto, M. van Breugel and S. M. Philpott. 2009. Beyond reserves：a research agenda for conserving biodiversity in human-modified tropical landscapes. Biotropica, 41：142–153.

Christanty, L., O. S. Abdoellah, G. G. Marten and J. Iskandar. 1986. Traditional agroforestry in West Java：the pekarangan (homegarden) and kebun-talun (annual-perennial rotation) cropping systems. In (Marten, G. G., ed.) Traditional Agriculture in Southeast Asia：A Human Ecology Perspectives. pp. 132–158. Westview Press, Colorado.

Ewel, J. J. 1986. Designing agricultural ecosystems for the humid tropics. Annual Review of Ecology and Systematics, 17：245–271.

Ewel, J. J. 1991. Yes, we got some banana. Conservation Biology, 5：423–425.

Ewel, J. J. 1999. Natural systems as models for the design of sustainable systems of land use. Agroforestry Systems, 45：1–21.

Ewers, R. M., J. P. W. Scharlemann, A. Balmford and R. E. Green. 2009. Do in-

creases in agricultural yield spare land for nature ? Global Change Biology, 15 : 1716-1726.
Fisher, B. and T. Christopher. 2007. Poverty and biodiversity : measuring the overlap of human poverty and the biodiversity hotspots. Ecological Economics, 62 : 93-101.
Food and Agriculture Organization of the United Nations [FAO]. 2010. Global Forest Resources Assessment 2010 : Main Report. Food and Agriculture Organisation of the United Nations, Rome.
Gardner, T. A., J. Barlow, R. Chazdon, R. M. Ewers, C. A. Harvey, C. A. Peres and M. S. Sodhi. 2009. Prospects for tropical forest biodiversity in a human-modified world. Ecology Letters, 12 : 561-582.
Green R. E., S. J. Cornell, J. P. W. Scharlemann and A. Balmford. 2005. Farming and the fate of wild nature. Science, 307 : 550-555.
Gunawan, B., K. Takeuchi, A. Tsunekawa and O. S. Abdoellah. 2004. Community dependency on forest resources in West Java, Indonesia : the need to re-involve local people in forest management. Journal of Sustainable Forestry, 18 (4) : 29-46.
Hooper, D. U., F. S. Chapin III, J. J. Ewel, A. Hector, P. Inchausti, S. Lavorel, J. Lawton, D. M. Lodge, M. Loreau, S. Naeem, B. Schmid, H. Setälä, A. J. Symstad, J. Vandermeer and A. D. Wardle. 2005. Effects of biodiversity on ecosystem functioning : a consensus of current knowledge. Ecological Monographs, 75 : 3-35.
Iskandar, J. and R. F. Ellen. 2000. The contribution of *Paraserianthes* (*Albizia*) *falcataria* to sustainable swidden management practices among the Baduy of West Java. Human Ecology, 28 : 1-17.
Kareiva, P., S. Watts, R. McDonald and T. Boucher. 2007. Domesticated nature : shaping landscapes and ecosystems for human welfare. Science, 316 : 1866-1869.
Klein, A.-M., B. E. Vaissière, J. H. Cane, I. Steffan-Dewenter, S. A. Cunningham, C. Kremen and T. Tscharntke. 2007. Importance of pollinators in changing landscapes for world crops. Proceedings of the Royal Society B, 274 : 303-313.
Klein, A.-M., S. A. Cunningham, M. Bos and I. Steffan-Dewenter. 2008. Advances in pollination ecology from tropical plantation crops. Ecology, 89 : 935-943.
Kohli, R. K., H. P. Singh, D. R. Batish and S. Jose. 2008. Ecological interactions in agroforestry : an overview. *In* (Batish, D. R., R. K. Kohli, S. Jose, H. P. Singh, eds.) Ecological Basis of Agroforestry. pp. 3-14. CRC Press, Florida.
Kremen, C. 2005. Managing ecosystem services : what do we need to know

about their ecology? Ecology Letters, 8：468-479.
久馬一剛. 2001. 熱帯土壌学. 名古屋大学出版会, 名古屋.
Loreau, M., S. Naeem, P. Inchausti, J. Bengtsson, J. P. Grim, A. Hector, D. U. Hooper, M. A. Huston, D. Raffaelli, B. Schmid, D. Tilman and D. A. Wardle. 2001. Biodiversity and ecosystem functioning：current knowledge and future challenges. Science, 294：804-808.
Matson, P. A. and P. M. Vitousek. 2006. Agricultural intensification：will land spared from farming be land spared for nature? Conservation Biology, 20：709-710.
Mertz, O., H. M. Ravnborg, G. L. Lövei, I. Nielsen and C. C. Konijnendijk. 2007. Ecosystem services and biodiversity in developing countries. Biodiversity and Conservation, 16：2729-2737.
Millennium Ecosystem Assessment [MA]. 2005. Ecosystems and Human Well-being：Synthesis. Island Press, Washington, DC.
宮下直・井鷺祐司・千葉聡. 2012. 生物多様性と生態学――遺伝子・種・生態系. 朝倉書店, 東京.
Murniati, D., P. Garrity and A. N. Gintings. 2001. The contribution of agroforestry systems to reducing farmaers' dependence on the resources of adjacent national parks：a case study from Sumatra, Indonesia. Agroforestry Systems, 52：141-184.
Okubo, S., K. Parikesit, D. Harashina, O. Muhamad, S. Abdoellah and K. Takeuchi. 2010. Traditional perennial crop-based agroforestry in West Java：the tradeoff between on-farm biodiversity and income. Agroforestry Systems, 80：17-31.
Okubo, S., A. Tomatsu, K. Parikesit, D. Muhamad, K. Harashina and K. Takeuchi. 2012. Leaf functional traits and functional diversity of multistoried agroforests in West Java, Indonesia. Agriculture, Ecosystems & Environment, 149：91-99.
Parikesit, K., K. Takeuchi, A. Tsunekawa and O. S. Abdoellah. 2001. Non-forest firewood acquisition and trandition in type of energy for domestic uses in the changing agricultural landscape of the Upper Citarum Watershed, Indonesia. Agriculture, Ecosystems & Environment, 84：245-258.
Parikesit, K., K. Takeuchi, A. Tsunekawa and O. S. Abdoellah. 2004. Kebon tatangkalan：a disappearing agroforest in the Upper Citarum Watershed, West Java, Indonesia. Agroforestry Systems, 63：171-182.
Parikesit, K., S. Okubo, T. Husodo, K. Takeuchi and D. Muhamad. 2012. Biodiversity issues in Indonesia, with special reference to biodiversity in human-dominated landscapes. In (Nakano, S., T. Yahara and T. Nakashizuka, eds.) Biodiversity Observation Network in the Asia-Pacific Region：Toward

Further Development of Monitoring. pp. 93–110. Springer, Tokyo.
Perfecto, I. and J. Vandermeer. 2008. Biodiversity conservation in tropical agroecosystems : a new conservation paradigm. Annals of the New York Academy of Sciences, 1134 : 173–200.
Phalan, B., A. Balmford, R. E. Green and J. P. W. Scharlemann. 2001. Minimising the harm to biodiversity of producing more food globally. Food Policy, 36 : S62–S71.
Rockström, J., W. Steffen, K. Noone, Å, Persson, F. S. Chapin, E. F. Lambin, T. M. Lenton, M. Scheffer, C. Folke, H. J. Schellnhuber, B. Nykvist, C. A. de Wit, T. Hughes, S. van der Leeuw, H. Rodhe, S. Sörlin, P. K. Snyder, R. Costanza, U. Svedin, M. Falkenmark, L. Karlberg, R. W. Corell, V. J. Fabry, J. Hansen, B. Walker, D. Liverman, K. Richardson, P. Crutzen and J. A. Foley. 2009. A safe operating space for humanity. Science, 461 : 472–475.
Scales, B. R. and S. J. Marsden. 2008. Biodiversity in small-scale tropical agroforests : a review of species richness and abundance shifts and the factors influencing them. Eonvironmental Conservation, 35 : 160–172.
Schroth, G., G. A. B. da Fonseca, C. A. Harvey, C. Gascon, H. L. Vasconcelos and A.-M. N. Izac, eds. 2004. Agroforestry and Biodiversity Conservation in Tropical Landscapes. Island Press, Washington, DC.
Secretariat of the Convention on Biological Diversity [SCBD]. 2010. Global Biodiversity Outlook 3. Montréal.
Swift, M. J., A.-M. N. Izac and M. van Noordwijk. 2004. Biodiversity and ecosystem services in agricultural landscapes : are we asking the right questions ? Agriculture, Ecosystems & Environment, 104 : 113–134.
武内和彦・田中学・大久保悟．1998．食糧問題と地球環境．（武内和彦・田中学，編：地球環境学第6巻　生物資源の持続的利用）pp. 1–22．岩波書店，東京．
The Royal Society. 2009. Reaping the Benefits : Science and the Sustainable Intensification of Global Agriculture. The Royal Society, London.
Tomich, T. P., D. E. Thomas and M. van Noordwijk. 2004. Environmental services and land use change in Southeast Asia : from recognition to regulation or reward ? Agriculture, Ecosystems & Environment, 104 : 229–244.
Wunder, S. 2007. The efficiency of payments for environmental services in tropical conservation. Conservation Biology, 21 : 48–58.
Zhu, Y., H. Chen, J. Fan, Y. Wang, Y. Li, J. Chen, J. Fan, S. Yang, L. Hu, H. Leungk, T. W. Mewk, P. S. Tengk, Z. Wangk and C. C. Mundtk. 2000. Genetic diversity and disease control in rice. Nature, 406 : 718–722.

第3章　木質資源を活用する
——木材利用による地球環境貢献

井上雅文

3.1　木材のフロンティア性

　日本のように地震が多発する地域では，人の生命と財産を守るため，建物は地震への対応が必要となる．地震のときに，建物に作用する力を地震力（F）と呼ぶ．これはニュートンの第二法則 $F=ma$ から，建物の質量（m）×地震によって生じる加速度（a）により計算される．すなわち，地震に対しては建物が軽いほうが有利なのだ．地震による揺れに対して強い家を作るためには，木材のように軽い材料が有利なのである．本章では，軽くて強い木材の性質をはじめ，木質バイオマスの特性を探り，その積極的な利用が地球環境への貢献に繋がることを見ていこう．

(1)　飛行機開発を支えた木材

　1903年12月17日，米国ノースカロライナ州キティホークで，ライト兄弟が人類初の動力飛行に成功した．その飛行機，ライトフライヤーは木製であった．彼らは自転車屋を営んでいたが，なぜ飛行機のフレームに鉄パイプを使わず木材を使ったのだろうか．ライト兄弟は，鉄パイプよりも木材のほうが軽くて強いことを知っていたのだ．1916年にシアトルで創立されたB&W社（世界最大の航空機製造会社であるボーイング社の前身）が最初に作った双フロートの複葉水上機の骨格は木材であった．創設者のウィリアム・エドワード・ボーイングは材木会社を営んでいた．シアトルは森林資源が豊富で木材工業が発展した街であり，良質の木材が入手できたことと，材木商としての知識がボーイング社成功の要であったといわれている．また，ハワード・ヒューズが1946年に製造した世界最大（翼幅）の飛行機「ヒュ

ーズ H–4 ハーキュリーズ」も，機体にバーチ（カバノキ）材やスプルース（トウヒ）材が用いられた木製飛行艇で，通称「スプルース・グース（トウヒ材のガチョウ）」と呼ばれている．20 世紀初頭はすでに鉄の時代であったが，第二次世界大戦のころまで，軽くて強い木材が，飛行機の発明，発達を支えてきたのだ．

(2) 軽いわりに強い木材

構造物に用いる材料には高い強度が求められるが，それ自体の軽さがもっと重要な要素となる．どんなに強い材料でも，それ自体が重たければ，それを支える構造をもっと強くしなければならない．飛行機を設計するような場合，材料が飛行に耐えられる強さをもつことが必須だが，それ以上に，材料そのものが軽くなければ飛び上がれない．

一般的な強度は同じ断面で比べられ，木材の強度は鉄の約 4 分の 1 である．しかし，強度を同じ重さで比べる比強度では，密度が $0.40\,\mathrm{g/cm^3}$ の木材の比強度は，密度 $7.86\,\mathrm{g/cm^3}$ の鋼材の約 4 倍となる．木材は鉄より軽いわりに強い材料といえる（図 3.1）．

たとえば，どのくらい大きなプリンが作れるか想像していただきたい．プリンだと 25–30 cm の高さが限界のようで，それ以上高くなると自分の重みに耐えられなくなって底のほうが潰れてしまう．これに対し木材の場合は，

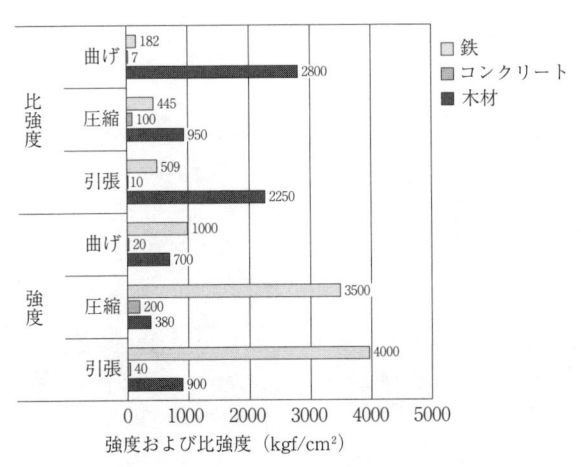

図 3.1 木材，コンクリート，鉄の強度と比強度．

繊維方向の圧縮破壊強度が約 340 kgf/cm^2，乾燥状態の密度が 0.35 g/cm^3 の一般的なスギ材について計算すると，じつに 9714 m の柱を作ることができる（材料に曲がりが発生せず，単純に圧縮で破壊すると仮定した場合の机上計算）．木材は軽いけれど繊維方向の圧縮には非常に強い材料であることがわかる．

(3) 精巧なつくりの中空セル構造体

木材は，図 3.2 のように，ストローのような小さく細長い細胞が幹の軸方向に束ねられてできている．もっとも小さな木製の日用品である爪楊枝でも，何万個もの細胞からできている．割箸ともなると 100 万個を超える細胞が含まれる．木材細胞は，生きているときには，細胞の中は水で満たされているが，乾燥によって水が蒸発し中空となる．このため，全体としては非常に軽い構造となる．

細胞壁をさらに詳しく見ると，図 3.3 のような複層構造になっている．細胞壁の主要な化学成分はセルロース，ヘミセルロース，リグニンと呼ばれる物質で，これらが分担して堅くて強いが，それでいて弾力性がある木材の特質を作り出している．

木材細胞壁の強固な構造は，鉄筋コンクリートの構造にたとえられる．30-40 本のセルロースが束になってミクロフィブリルと呼ばれる長い繊維を構成し，これが太くて長い鉄筋に，ヘミセルロースは鉄筋を組み立てるときの細い針金に，そしてリグニンはコンクリートにたとえられる．しかし，木材

針葉樹（カラマツの三断面）　　広葉樹（ハリギリの三断面）

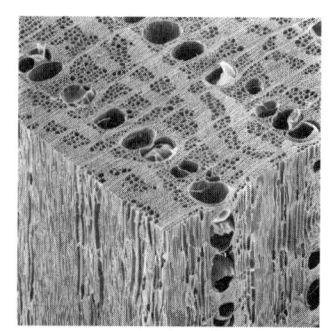

図 3.2　木材は細胞からできている（日本木材学会編，1995 より）．

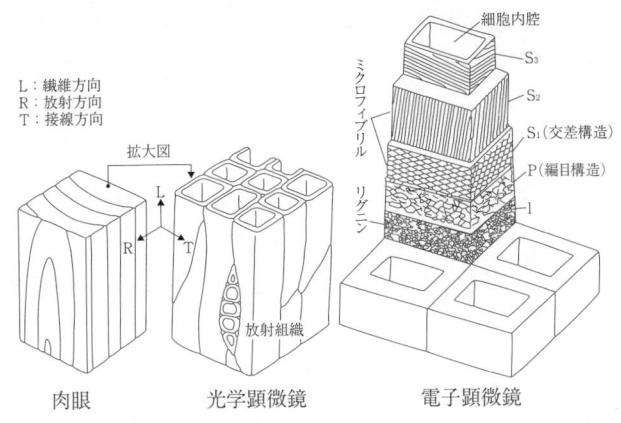

図3.3 レンズでのぞく木材の構造（木材加工技術協会関西支部編, 1992より）.

は鉄筋コンクリートに比べはるかに軽く強靱である．軽さの秘密は細胞の細長い中空構造にあり，強靱さの秘密は，構成要素であるセルロース・ミクロフィブリルの強靱さに加え，細胞壁の複層構造にある．細胞壁の大部分を占めるS_2層では，強靱なセルロース・ミクロフィブリルが急勾配でらせん状に規則正しく並ぶ構造となっている．縄や綱がたんに繊維を束ねるだけでなく，捻り合わせることによって強靱さを増すのと同じ原理だ．また，これらの構造のため，木材の強度は方向によって大きな差が現れる．繊維方向の強度は，その直角方向に対して約20倍である．強さを一軸方向に集中させたことも木材の強さの秘密といえるだろう．

このような木材細胞壁の優れた構造は，ロケットのボディーなどの模範となっており，カーボンファイバー製の釣竿，スキー板，テニスラケット，ゴルフクラブのシャフトなど，身近なところにも活用されている．

3.2 短所は長所

「狂う」，「燃える」，「腐る」が木材の三大欠点といわれている．水分の吸脱着によって「狂う」ことは，内装材料の調湿機能と裏腹な関係にある．また，木材の「燃える」，「腐る」は，換言すれば廃棄が容易であることを示す．条件が整えば水と二酸化炭素に分解されることは循環材料としての要である．

もちろん，使用中に狂ったり，燃えたり，腐っては困る．そのための工夫は木材研究の根幹を成すテーマとしてさまざまな観点から推進されている．

(1) 桶と樽

木材の成分は多数の水酸基を含むため，周囲の空気の相対湿度が上がれば水分を吸着し，相対湿度が下がれば水分を放出する．このため，木材を建築の内装などに使用すると，室内の湿度が調整されて快適な居住環境を与えてくれる．一方，水分子が木材成分中に入ったり出たりするのであるから，その分，膨らんだり縮んだりするのは必然である．木材には異方性があるため，均質には膨潤収縮しない．寸法変化は，繊維方向，放射方向（丸太の横断面の直径方向），接線方向（丸太の横断面の直径方向に対する直交方向）で，おおむね1：10：20である．この膨潤収縮の異方性が板材の反りとなって現れ，これが過度になると割れることもある．化学処理などによって水分の吸脱着を抑制することで，木材の寸法安定性を向上させることも可能である．しかし，これによって生物材料としての特徴である木材の調湿機能は損なわれてしまう．

また，膨潤収縮の異方性が積極的に活かされている例もある．風呂桶と酒樽，どちらも液体を入れる容器であるが，桶は短期，樽は長期の液体保管に用いる．すなわち，桶の部材は吸水したり乾燥したりが繰り返されるのに対し，樽の部材は吸水したままで長期間使用される．そこで，桶の部材には，乾燥したときに部材がバラバラにならないように，寸法変化の少ない柾目板（丸太の中心を通るように挽いた板）が使われる．一方，樽の部材には，長期に液体が漏れないように，吸水によって板が大きく膨潤して隙間が締まりやすい板目板（丸太の中心を通らないように挽いた板）が使われる．

(2) 燃えない木材

図3.4はもっともお気に入りの写真の1つで，木造建築の火事後の写真である．壁などは燃え落ちているものの，柱と梁など木製の骨組は，真っ黒焦げになりながらも構造をとどめている．このとき，鋼鉄製の横架材は熔けて原型を保っていない．グニャッと撓んだ鋼鉄製の梁を木製の梁が支えているのである．

図3.4 鋼製梁を支える木材（日本木材学会編，1995より）．

キャンプなどで，大きな角材や丸太に着火しようとがんばってもなかなか燃えてくれない経験をおもちだろう．着火するもののすぐに消えてしまう．これは，木材の表面に炭化層が形成され，それによって酸素の供給が遮断されるので発炎燃焼が抑えられるからだ．また，木材は，比熱が大きく，逆に熱伝導率が小さいので，材料内部の温度が上昇しにくいことも，燃え尽きにくい理由である．また，木材の構成成分は明確な融点をもたない．すなわち，表面は燃えても，ある程度太い柱などは中心部まではなかなか燃えないので，火災現場でも長い時間，強度を保つことができる．これに対し，金属やプラスチックは温度が上がると強度が急激に低下する．木材はたしかに燃える．しかし，火に強いか弱いかと聞かれれば，木材は「鉄より強い」といえる．

(3) 法隆寺を支えた木

世界最古の木造建築は，法隆寺の西院伽藍であると考えられている．1300年もの長い間，風雪に耐えてきた．適材適所の材料選択，優れた設計と施工が，その最大の要因であるが，木材そのものにも秘密がある．木材を構成するセルロースやリグニンなどの成分は，一般的なプラスチックに比べ，化学的に安定な物質である．構造材料としての木材の寿命，すなわち耐用年数は，腐朽や火災を受けないかぎり，ほかの材料とは比較にならないほど長い．現在，地球上にもっとも多く存在する有機高分子はセルロースであるが，数億年間，淘汰されずに生き残り，数億年の進化を経て巧みに設計されたセルロ

ースが，現在の地球上でもっとも隆盛を極めていることからも，その強さは想像されるだろう．ただし，木材を長持ちさせるには，正しい使い方が必要である．腐朽や火災を防ぐだけでなく，木の種類，力の方向，含水率などと強さの関係など，木材を正しく知って，賢く使う必要がある．

3.3 木材利用の地球環境貢献

(1) 木を使うことは環境破壊か？

「森林保全」を謳うマイ箸運動がある．「地球環境保全」をキャッチフレーズに，大手の外食チェーンが，木製の割箸を樹脂製の箸に替えている．ここでは，「木材利用＝森林伐採＝環境破壊」という誤った認識によって，木材利用が否定されている．このような宣伝に煽られ，「本当に木を使ってもよいのだろうか？」と悩んでおられる人も多いようだ．2010年に実施されたあるアンケートでは，国民の約30％が環境保護のために木材利用を躊躇するという結果であった．

1980年代までの単純な「資源保護」に加え，「地球環境」や「持続可能性」という新たな概念が一般的となりつつある現在，森林保全の問題はより複雑化しており，広い視野をもって考える必要がある．木材利用を減らすことが，本当に「森林保全」や「地球環境保全」に繋がるのだろうか．

(2) 地球環境保全における森と木の役割

IPCC（気候変動に関する政府間パネル）は，第4次評価報告書において，「化石燃料の大量使用」と「森林減少（土地利用変化）」によって大気中に放出される二酸化炭素などの温室効果ガスの増加が，地球温暖化の主な原因であると報告している（IPCC, 2007）．地球温暖化を緩和するには，地球の炭素循環をコントロールすることが重要となる（図3.5）．

地球の炭素循環における森林の役割には，二酸化炭素の吸収固定と炭素の貯蔵の2つがある．森林などの陸上生態系の光合成による炭素吸収は年間26億トン，森林の植生や土壌中における炭素貯蔵は2兆3000億トンと推定されている．森林が伐採され，その土地の利用形態が放牧地，耕作地，市街

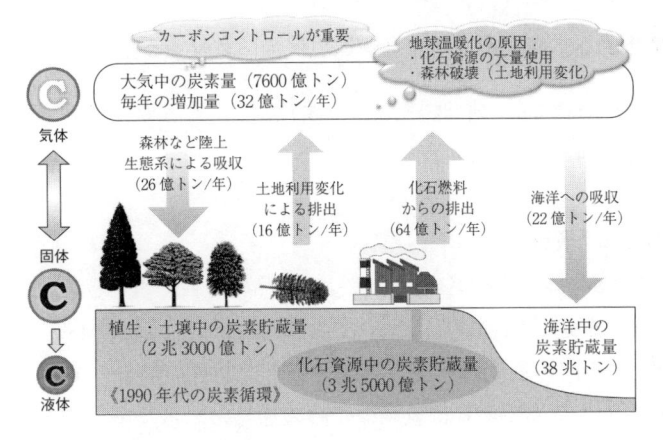

図 3.5 地球の炭素循環.

地などへ変化すると，森林植物による二酸化炭素の吸収量が減少するばかりでなく，樹木や土壌中に貯蔵されていた炭素が気体となって大気中に放出される．

(3) 木を伐ることは環境破壊ではない

石油，石炭，鉄鉱石などの埋蔵資源は，掘り出して使ってしまえばいつかは底をつく．ところが木質資源（木材，竹材）は，伐採して使っても新しい苗木を植えておけば，また材料やエネルギーとして使えるように成長してくれる．

使う木材の量が成長する樹木の量を超えないかぎり，木材は，持続可能な資源として永続的に利用できる．さらに，樹木の成長期間の短縮や，木造住宅の長期使用，木材製品の高耐久化技術，リサイクル技術の向上によって，木材の消却量が森林の成長量を下回るように工夫すれば，資源を使いながら大気中の二酸化炭素量を減少させることができる．木材などの生物資源は，後述の炭素貯蔵機能を考慮すれば，使用することによって大気中の二酸化炭素を減らす可能性をもつ唯一の資源である．積極的に木材を利用することによって，地球温暖化を防止するばかりか，地球環境を修復することもできる．

(4) 積極的な木材利用こそが地球環境保全に貢献する

積極的な木材利用が地球環境に果たす役割として，加工時の低炭素排出と使用時の炭素貯蔵が注目されている．

木材は省エネ資材

ライフサイクル・アセスメントとは，製品の原料調達から製造，廃棄までの環境負荷を定量的に評価する方法である．この手法によって各材料を 1 m^3 調製する際の炭素排出量を計算すると，製材の場合，天然乾燥であれば 15 kg，人工乾燥であれば乾燥のための加熱にエネルギーが必要となるため 28 kg の炭素が大気中に放出される．合板では，単板切削，乾燥，加熱圧縮などの工程が増え，接着剤も必要となるので，120 kg の炭素が放出される．一方，鋼材やアルミニウムでは，製造に伴う炭素排出量が，それぞれ 5300 kg，22000 kg であり，木質材料は加工に要するエネルギーが少ない，すなわち二酸化炭素排出の少ない資材であるといえる．

これらの材料を用いて 136 m^2 の住宅を建築するときの炭素排出量は，木造住宅で 1 戸あたり 5140 kg であるのに対し，鉄筋コンクリート造住宅では 21814 kg（木造の 4.24 倍），鉄骨プレハブ造住宅では 14173 kg（木造の 2.87 倍）である（岡崎・大熊，1998）．さらに，資材の輸送にもエネルギーが必要となるため，輸送距離の短い地域材（国産材）を利用することに優位性がある．

木質製品の炭素貯蔵効果

木材は通常 10% 程度の水分を含んでいるが，それを取り除いた全乾重量の約半分は炭素である．木材製品として使用されている期間，すなわち，燃えたり，腐ったりするまでの間は，樹木が固定した炭素を保管し続けている．すなわち，木造住宅や木材製品は，地球の炭素循環において炭素貯蔵庫としての重要な役割を担っているのである．

日本全国の住宅に使用されている木材に貯蔵されている炭素量は約 1 億 4000 万トンと概算されている．これは日本の森林に貯蔵されている炭素量（7 億 8000 万トン）の約 18% に及ぶ．その内訳は，木造住宅が 1 億 2859 万

トン,非木造住宅が1234万トンであり(有馬,1994),炭素貯蔵庫としての木造住宅の意義は大きい.第17回気候変動枠組条約締約国会議(COP17)において,京都議定書第二約束期間では,木材製品の炭素貯蔵効果を炭素吸収源として計上対象とすることが決められた.日本は京都議定書第二約束期間には参加しないことを表明しているが,地球温暖化対策への貢献については,今後も先進国として継続して責任を果たすべきである.そのための方策として,アジアを含めた世界での木材の利用促進のための技術開発が重要となる.

木材は,加工時のエネルギー使用が小さく低炭素排出であり,廃棄時にも炭素を放出しないカーボンニュートラルであることに加え,使用中も炭素を貯蔵することによって地球環境改善に貢献する.バイオマス時代の代表である木材,木質材料,その利用促進こそが,地球環境と調和のとれた人類の持続的発展をもたらす.

引用文献

有馬孝禮.1994.エコマテリアルとしての木材.全日本建築士会,東京.
IPCC. 2007. IPCC Fourth Assessment Report:Climate Change 2007.
木材加工技術協会関西支部編.1992.木材の基礎科学.海青社,大津.
日本木材学会編.1995.すばらしい木の世界.海青社,大津.
岡崎泰男・大熊幹章.1998.炭素ストック,CO_2放出の観点から見た木造住宅建設の評価.木材工業,53:161-165.

コラム 木の長所を伸ばす材料開発

木材の材料特性には,比強度(強度を比重で割った値)が高い,細胞壁の収縮・膨潤を伴う水分の吸放湿性が高い,多孔質構造で熱伝導率が低い,生分解性や燃焼性が高い,などが挙げられる.これら特性は,木材の用途によって長所にも短所にもなりうる.たとえば,これまでの木質材料の研究開発は,木材利用の主用途である住宅・建築用材を対象に取り組まれ,高い強度性能,寸法安定性および耐久性が常に求められてきた.そのため,木材に備わった諸特性を鉄やコンクリートなどの建築材料と比較して不足・不備とみなし,より硬く・より強くする,収縮・膨潤をできるだけ抑える,腐らないようにする,燃えにくくする,といった「短所を補う」ことが目的とされてきた.これらの取り組みは,金属やプラスチックなどの工業材料に木材が加わるために満たさなければならない品質と信頼性の確保に大きく貢献して

62　第3章　木質資源を活用する

図1　単板積層材の屈曲・捻回と変形挙動の比較．(a) 可撓性を示す単板積層材，(b) 剛直な接着層，(c) せん断変形する接着層．

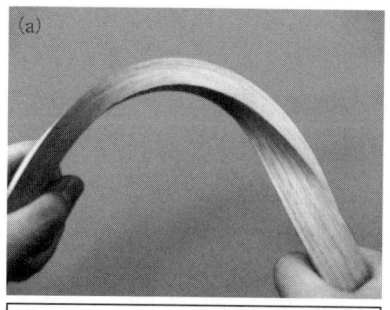

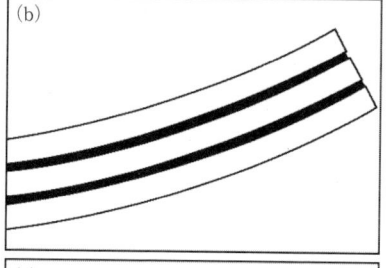

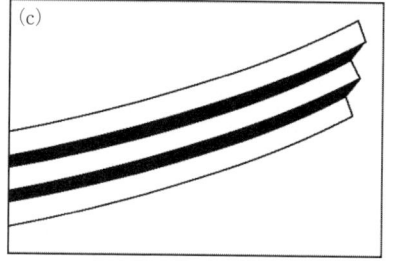

おり，今後も継続した追究が期待される．

　これまでに取り組まれることが少なかった研究というのは，先に挙げた「短所を補う」と対を成す「長所を伸ばす」ことを目的とするものである．たとえば，木材が，さらに柔らかくなる，水分を大量に吸着して風船のように膨らむ，あっという間に微生物に分解されて消滅してしまう，短時間で激しく燃える，などであり，想像したら滑稽であり，驚きであり，木材利用に衆目を集めることに繋がる．製品・サービスにおいて要求性能が多様化する昨今において，新しい価値というのは常に追究されるべき課題であり，木材の長所＝木材の魅力を活かすための提案を続ける有用性は高い．

　現在，木材の長所を伸ばす取り組みの一例として，筆者が取り組んでいる「やわらかい木質材料」を以下に挙げる．木材は，暖色系の色彩や熱伝導率の低さに起因する接触温冷感，組織構造に起因する触感などから，一般的に「やわらかい」，「あたたかい」というイメージが強いが，木製の椅子に座ってみたら意外に硬くてクッションがほしい，ということがある．「やわらかさ」や「しなやかさ」をさらに活かす技術として，「やわらかい木（図1）」，

「木質バネ（図2）」という2つの新素材を示す．材料は薄くすればするほど，大きくたわませることができるという特性に着目して，木材の薄板を柔軟な接着剤で貼り重ねて大変形を可能にしたり，細かくスリットを入れてコイルバネの形状にしたりしたことに特徴がある．薄板の厚さや接着剤の種類，スリットの形状を変えることで「やわらかさ」や「しなやかさ」はコントロール可能である．木材の薄板を貼り重ねて製造される従来の材料は，図1(b)のように，材料をより硬く・強くするために強固な接着を用いて剛性を向上させている．そこで，発想を逆転させ，やわらかく（低弾性），よく伸びる（高変形能）接着剤を用いれば，図1(c)のように，積層面が滑って，曲げたり，捻ったりすることができる材料となる．また，図2に示すように木材にスリットを入れることで，薄くて長い板をつづら折りにしている形状を作り出すことができ，この形状はコイルバネとよく似ていることから類推できるように，木材が伸縮や曲げ変形が可能なバネとなる．この場合，バネの硬さや変形量は，スリットの間隔や形状を変えることで制御が可能である．

このように作り出された木質系新素

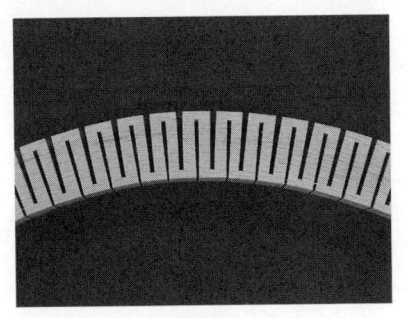

図2　木質バネの曲げ変形．

材は，「おもしろい」，「ぐにゃぐにゃして気持ちわるい」などの賛否両論を入り交ぜながら，「でも木材ってこんな使い方があるんだ！」と木材に対する興味を喚起するきっかけを生む貴重な役割を果たしており，当初の目的を達成することができてたいへんうれしく思っている．実用展開としては，「見て・触れて・楽しいこと」が伝わりやすいインテリア・内装に設定し，低反発ウレタンのような座り心地や座面形状がアレンジ可能という，従来の木質材料では体現できなかった機能を組み込んだ取り組みを進めている．

足立幸司

第4章

堀 繁

地域を保全する
――サステイナブルツーリズムの視点

4.1 地域を保全する考え方

(1) 自然保全と収入増加の同時達成

　地球温暖化や生物多様性の観点から熱帯林をはじめとする自然生態系の保全に対する取り組みがこれまでになく活発に展開されているが，自然保全を実現するにはさまざまな障壁があり，なかなか難しいのが現実である．その障壁の1つは自然資源に依存している地域経済の問題である．自然からの収奪が地域経済の一部を構成している場合がいまだに各地で多い．そのため自然保全を収入とリンクさせて，自然を守ると収入が上がり，自然を壊すと収入が減るというような仕組みが自然生態系の破壊を止めるうえで有効である．そのような仕組みとして，自然が興味対象となって観光客を誘うツーリズムが考えられる．自然が損なわれれば魅力が落ちて客が減り，自然が豊かであれば魅力があって多くの客が来る．

　このように，自然を守ることと収入が保たれることが安定的に長期にわたり行われるツーリズムをサステイナブルツーリズムと呼ぶ．サステイナブルツーリズムを実現するには地域住民を巻き込んだ形での仕組み作りが欠かせない．

(2) 自然だけでなく集落や施設にも魅力がないと人は来ない

　サステイナブルツーリズム，つまり自然の魅力で人を呼び収入を安定的に確保しようとするツーリズムも「ツーリズム」であるので，自然の中に出かける際に必ず立ち寄る集落や休憩所，滞留利用拠点などの魅力も重要であり，

自然の魅力だけではなかなか人を呼ぶことはできない．人を誘うためには，ツーリストが行う，休んだり，眺めたり，食べたりする場所の居心地よさ，魅力が不可欠で，そこは人が作るものだから人の工夫次第といってよい．

自然の魅力が弱いものを人の力で魅力的にしようとするのは可能だが，面的に整備しなければならず少し大変である．それに対して，人が作る場所，集落や利用拠点の魅力化は魅力作りのノウハウさえあれば比較的容易である．

通常のツーリズムでは，典型はリゾートホテルだが，地域住民の住む集落と縁を切ってまったく新しく「休む場所・滞在場所」を作る．日本の企業などの大資本が作るものがこれで，地域住民が雇われることはほとんどないから，そこに落ちるお金が地域住民にまわってくることはまずないので，このマスツーリズムは地域を保全するサステイナブルツーリズムではない．地域住民に収益が分配されるようにして，その収益が自然保全と連動していることを認識できるようにしなければならない．それゆえ，彼らが住む集落やその周辺に，ツーリストが魅力と思う場所や施設を作ることが求められるのであり，その「魅力」作りが大事な課題となる．

(3) 地域は地域の人たちのもの

地域住民の収入が増えること，しかもそれが自然保全に積極的に向かわせる形でなされることがまず重要だが，彼らの気持ち，価値観に反する形で達成しても長続きはしない．日本でも，「開発が大事か，生活が大事か」という地域の論争がしばしばマスコミで取り上げられる．経済的な恩恵が期待できるとしても，それが地域らしさを損なうとしたら人々の価値観にそぐわない．地域らしさを失わずに，すなわち生活を守りながら，経済的な恩恵が得られるのが理想なのである．

地域は地域の人たちのものであるので，地域らしさを損なわず，地域の人たちの価値観に反しないように開発を行っていく必要がある．そのためには地域の人々を理解する必要がある．しかし，たいていの場合，彼ら自身が自分たちの価値観に気づかず，自分たちの地域認識を自覚的に理解してはいない．そこで，サステイナブルツーリズムに限らないが，すべての開発に先立って，地域の自然の情報と同時に，人々の価値観，地域認識などの情報を収集しなければならない．

地域を保全するためには地域の人々を地域の主役と考え，彼らを理解し，彼らの収入を上げるための工夫が必要である．そのような問題意識のもと，本章は，地域の人々の地域認識を理解するための研究事例，地域の活性化整備の知見収集の事例，誰もが行ってみたいと思う魅力とは何かといったことなどを紹介していきたい．

4.2　地域の人々の地域認識を理解する

(1)　最初に地域の人々を理解する

　地域の自然を保全する計画を立てるうえで重要なものは何か．地域は自然だけで成り立っているわけではなく，必ず地域には人が暮らしている．地域の人々のことを考えないで地域の自然をコントロールしようとしてもうまくいかない．地域の人々の価値観や地域の見方など，地域の人のことをまずはじめに理解しておくことが大事となる．とくに，自然や田園が展開している空間と，それが人の目に映る景観，この2つに対する地域の人々の認識を理解することは地域の自然のコントロールに欠かせない．

　本節では，そのような地域の人たちの理解の1つとしてカンボジア・バッタンバンで行った地域住民の空間と景観の認識把握事例を紹介したい（西坂ら，2011；西坂，2012）．バッタンバンはカンボジアの北西に位置する農村地帯である．アンコールワット，アンコールトムのあるシェムリアップ州に隣接し観光資源もあるため，今後観光やそれに伴うさまざまな開発が進んでいくと予想される地域である．

　人々の地域認識を把握する研究手法でよく用いられるのが描画法である．空間の中でどこに何があるか，距離は近いか遠いかなど空間を描かせるメンタルマップ描画，あるところからの眺めを描かせる景観描画などがあり，いずれも絵の分析から被験者の地域認識の特徴を明らかにしようとするものである．ここでは景観描画によって人々の地域認識を把握しようと試みた．

(2)　カンボジアの農業地域の学生による景観描画の分析

　小学生（10-15歳の50名），中高生（12-20歳の45名），大学生（19-25

歳の49名,合計144名に,解説文付きで「好きな景観」の絵を描いてもらった(2011年).地域住民が対象であれば被験者には本来大人も入れなければならないが,多くの類似研究同様,協力の得られやすさ,描画データ作成環境のコントロールが容易であることなどの理由から学生だけを対象にした.海や滝などの明らかに日常生活圏ではないものや龍などの調査主旨と異なるものを除いた117枚の絵を分析データとした.

　ビルなども少数描かれていたが,多くは農村を構成する主要素,すなわち木(106枚),山(82枚),家(70枚),田(67枚),池(34枚)であった.木がもっとも多く,91%(106/117)と,ほとんどの絵に描かれていた.しかし,絵の解説文を読んでみると「山を描いた」(46名),「田を描いた」(31名),「家を描いた」(14名)とするものは多かったのに対し,「木を描いた」とするものはわずか10名で,つまり,多く描かれてはいるものの田や家の添え物として描かれていて,木が特段意識されているものではなかった.池も記述は2名のみで,これも家などの添え物と考えられる.解説文に記載されている,つまり認識されている主要素は,山,田,家の3つであった.

　これら山,田,家のいずれか1つでも描いている絵104枚について三要素の組み合わせを整理した(図4.1).三要素のうち1つだけを描いているものはわずか29枚で,72%(75/104)は組み合わせて描いており,そのうち半分以上(40/75,53%)には3つすべてが描かれており,これらはセットで

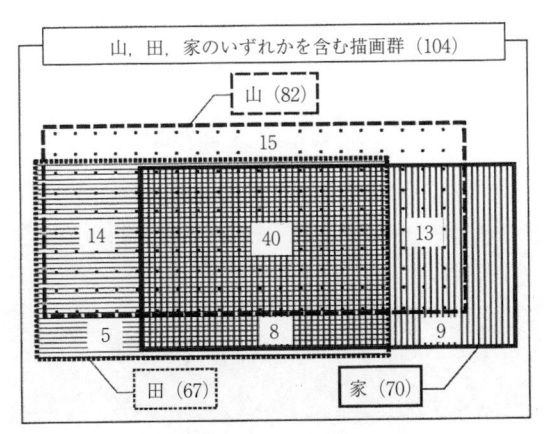

図4.1　山,田,家三要素の組み合わせパターン.

認識されていると理解できる.

とくに田は，93%（62/67）が山や家と組み合わされて描かれており，しかも若干だが家（48/62）よりは山（54/62）と組み合わされることが多かった．つまり，田は単独で認識されるのではなく，生活（家）や環境（山）の一部と認識されていて，生活の場としてはもちろんだが環境の一部としても捉えられていることがわかる.

(3) 山の描かれ方

当該地に田はたくさんある．家もたくさんある．だからそれらがよく描かれるのは理解できる．しかし，バッタンバンはほとんど平地で，山は低いものがわずかあるだけで，それらも小さくしか見えない（図4.2）．にもかかわらず山がたくさん絵に出てくるのである．そこで，山の描かれ方を見た．すると，実際の見え方よりもずっと大きく描かれること，また実際にはそのような形の山は近くにないのだが，82枚中47枚（57%）が2つの峰をもつ形に描かれていること，さらに，その二峰の間に太陽がパターン化して描かれるものが多いこと（図4.3，図4.4），山とセットで鳥が描かれているものも多いこと（39枚，48%）などがわかった.

二峰形，その真ん中の太陽などには文化的コードの存在がうかがわれるのだが，残念ながら，教科書の挿絵を調べても，分析後の教員ヒアリングでも，なぜそのように描かれるのか明らかにできなかった．しかし，いずれにして

図4.2 高くなく，二峰形でもないバッタンバン周辺の山.

4.2 地域の人々の地域認識を理解する 69

図4.3 山, 田, 家三要素のある描画. 山は二峰形で描かれ, 間から太陽がのぞいている.

図4.4 二峰形の山の間からのぞく太陽の描画.

もこのような地域の情報を地道に積み重ねていくことが大事なことである.

(4) 地域配慮への示唆

　バッタンバンでは農村地域の開発が今後十分ありうる. バッタンバンに限らず, 地域経済にプラスに働くものであれば地域はそれを受け入れるであろう. しかし, そうであっても, 地域の人々が認識する地域の特徴, 地域のアイデンティティを極力破壊しないように, そしてもちろん地域環境が悪くならないように, それどころかよりよくなるように, 十分配慮しなければなら

ない.

そこで，この研究からバッタンバンでの地域配慮の示唆をまとめてみると，以下のようになる．①家や田のある農村集落と山とが強く結びついて認識されていることから，集落と山との間の土地の開発は慎重にすべきなど，山と集落（人々）との関係を壊さず，むしろ結びつきを強固にするよう意識すべきであること．②また，同様の理由で，広い平地のどこからも見えてしまう山の近くの開発は慎重にすべきであること．③三大要素，山，田，家と一緒に多く描かれる木（単木が多い）は添景として欠くべからざる存在と認識されており，地域に対する愛着を深める印象深い木は残すこと，ない場合には植栽して魅力的に仕立てること．同様に，④池も家や田の添景として欠かせない存在であるので，その保全にも配慮すべきであること．

人々の地域認識は地域開発の基本情報であり，それは地域保全だけでなく，その場所らしさを来訪者に示すツーリズムの演出の手がかりともなるものである．

4.3　魅力を地域に取材し整備のための知見を得る

(1)　地域に魅力を作るということ

人気観光地や人気施設などを見ればわかるが，魅力あるところに人は集まり，魅力あるところで人は金を使う．そのためサステイナブルツーリズムを実現するうえで魅力作りは大切であるが，それはなかなか難しい．難しい理由はいくつかあるが，1つは魅力が独立して存在しないという点にある．「魅力作り」といっても，「魅力」を見たことのある人はいないはずで，「何かが魅力的に見えている」というのが実際の「魅力」である．つまり，魅力は独立して存在するわけではなく，直接作ることはできない．たとえば，車道なら「車道を魅力的に作ること」が地域に「魅力」を作ることになる．同様に，「街並を魅力的に作ること」，「店舗を魅力的に作ること」，「広場を魅力的に作ること」のそれぞれによって，地域に魅力が作られることになる．

ところが，車道の魅力的な作り方と店舗の魅力的な作り方，広場の魅力的な作り方はもちろん違う．そのため，すべての整備に共通して通じる大きな

「魅力」を理解すると同時に，それを実際の形にするために，車道，プロムナード，街並，店舗，広場など地域に出現するそれぞれの魅力とその作り方を理解しなければならないのである．

車道の専門家と同じレベルで車道整備を熟知しつつ彼らが知らない車道の魅力を考え，現場に合わせてそれを具現化しなければならない．街並作りの専門家，建築家と同じレベルで建物や街並を熟知しつつ，加えて街並や建物の魅力を理解し，それを実際に作っていかなければならない．地域に出現するすべてについて，それぞれの専門的なことを理解しつつ魅力作りを行わなければならないのであり，それは，電柱，駐車スペース，花壇，看板，四阿，ベンチ，花鉢などの小さなものに至るまで，地域に作るあらゆるものに及ぶ．魅力のありようと魅力の作り方が異なるたくさんのもの1つ1つを対象にそれぞれの魅力作りが求められ，それをすべてに共通する魅力から大きく逸脱せずに行わなければならない．

「すべてに共通する魅力」を解明したうえで，それぞれがまったく異なる個別の魅力を解明していかねばならないのであり，さらに「どうすれば魅力が作れるか」という整備ノウハウを整理し，それをさらに地域や場の状況に応じてアレンジしていかねばならないのである．これが，「地域に魅力を作る」ということの実際であり，なかなか大変で，であるから，地域活性化の必要性は強く認識されているものの実現できない地域が多いのである．それは，アジアでも，日本でも，同じである．

(2) 魅力を地域に取材する

「人が集まって金が落ちているところは何らかの魅力がある」とする．そうすると，集客しているところを調査取材し分析すれば，魅力，あるいは「どうすれば魅力的になるか」，「どうしてしまうと魅力的にならないか」がわかると期待される．

つまり，空間や施設の魅力やその作り方は，実際の空間や施設を取材し，分析することで明らかになる．集客している地域や施設の分析からは「魅力の作り方」が，集客していない地域や施設の分析からは「魅力作りでやってはいけないこと」が知見として得られるのである．

民族や宗教，世代を超えて誰にとっても魅力的なものがあるように，「魅

力」が普遍性をもっているとしても,「シャンゼリゼもいいけど浅草の仲見世もいい」というように,魅力的な道自体はたくさん存在するし,道路の歴史や作り方自体が地域によってそもそも違う.そのため,普遍的な「魅力」の解明はもちろん欠かせないが,地域ごとの空間整備や施設整備の特徴についても,理解しておかなければならない.世界的な普遍性と地域独自の特色の両方を魅力について考究し,実際の地域作りではそのバランスをうまくとっていかねばならない.そのため,地域に取材することがとても大事なのである.本節では,地域の魅力作りの方法をどのように整理するのか,タイの水上市場を分析して水上市場の魅力作りを整理した研究事例(マナッナン,2008)を紹介したい.

(3) 水上市場を地域に取材する

タイ中部を流れるチャオプラヤー川のデルタ地帯には水路が発達している.船による移動がさかんだった時代に,その水路には水上市場(川沿いの水辺にある市場)がたくさん形成されてきた.自動車が発達し交通手段として船が使われなくなるとそれらの多くは自然と衰退するのだが,その観光的な魅力からまた人気が出てきており,近年では自治体が活性化施策の一環として農村に新しく水上市場を作るほどであり,そこでは農民が現金を得るチャンスが発生している.水上市場の集客は市場の魅力によるのはもちろんだが,そのまわりの自然の魅力にもよるので,自然を保全して自然の魅力を維持向上することが農民の収入増につながると期待されるのである.今後も農村での水上市場整備は続くと予想されるが,整備する以上,大勢を集客し,繁盛して地域の経済を潤し,農民の意識が自然保全に向かうようにしなければならない.そのような背景のもと,水上市場整備に際しての魅力作りのポイントを探るために,14地区,延べ16カ所の水上市場を調査分析し,どのような水上市場が集客しているのかを考察し,今後の水上市場整備の知見をまとめた.

(4) 水辺を中心とする空間の形とそれによる水上市場の分類

水上市場といってもさまざまな形態があることがわかり,8タイプに整理した(図4.5).大きくは立地的な違いとして,住宅併用店舗が連なっている

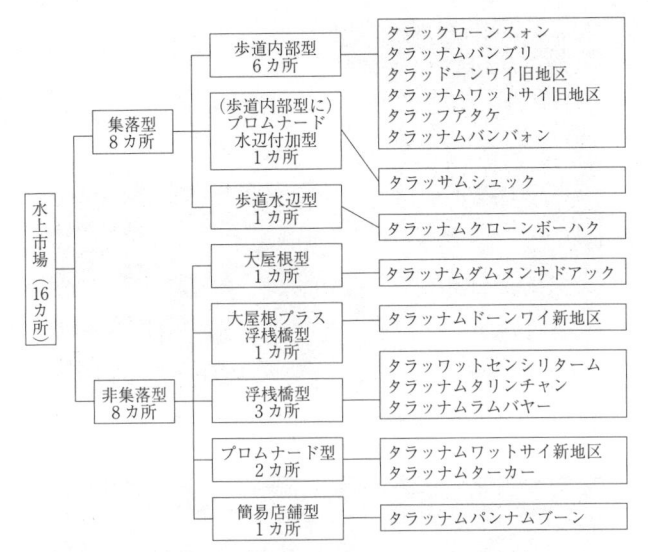

4.3 魅力を地域に取材し整備のための知見を得る　73

```
水                集落型         歩道内部型         タラックローンスォン
上                8カ所          6カ所            タラッナムバンプリ
市                                               タラッドーンワイ旧地区
場                                               タラッナムワットサイ旧地区
(16カ所)                                          タラッフアタケ
                                                タラッナムバンパォン
                              (歩道内部型に)
                              プロムナード         タラッサムシュック
                              水辺付加型
                              1カ所
                              
                              歩道水辺型
                              1カ所            タラッナムクローンボーハク
                              
                 非集落型        大屋根型          タラッナムダムヌンサドアック
                 8カ所          1カ所
                              
                              大屋根プラス        タラッナムドーンワイ新地区
                              浮桟橋型
                              1カ所
                              
                              浮桟橋型           タラッワットセンシリターム
                              3カ所            タラッナムタリンチャン
                                              タラッナムラムパヤー
                              
                              プロムナード型       タラッナムワットサイ新地区
                              2カ所            タラッナムターカー
                              
                              簡易店舗型         タラッナムバンナムブーン
                              1カ所
```

図4.5　水辺，建物，歩道による水上市場のタイプ分類．

集落型（8カ所）と非集落型（8カ所）とがあった．

　集落型は，歩道のつき方で2つに整理できる．1つは水辺–店舗–歩道–店舗という構造になっていて，歩道が水辺の見えない内部につく歩道内部型で，これがほとんど（7カ所）である．そのうち1カ所は，水辺にプロムナードを最近つけ足していた．もう1つは，水辺–歩道–店舗という歩道水辺型（1カ所）である．

　非集落型は，①両岸に柱を立て水路全体を覆う大屋根型（1カ所），②文字どおり水の上となる浮桟橋型（3カ所），③大屋根・浮桟橋複合型（1カ所），④両岸にプロムナードを整備しただけのプロムナード型（2カ所），⑤簡単な施設が散在する簡易店舗型（1カ所）とさまざまあり，それぞれ異なった空間を構成していた．1つ1つが地域整備に欠かせない大事な知見を含んでいるので，いくつかについて簡単に紹介したい．

　集落・歩道内部型（6カ所）：店舗建物が水辺に連担する，すなわち空間的な連続性をもって存在しているが，店舗の正面は水辺側ではなく陸側に開かれ，水辺側は壁となっている．商店街の道にあたる歩道は店の正面側，すなわち陸側にあって水辺と縁が切れ，水辺にありながら買い物客は水辺にい

図 4.6　陸上店舗に屋根をかけた大屋根型水上市場.

図 4.7　水上レストランが連担する浮桟橋型水上市場.

図 4.8　水辺の実感があるプロムナード型水上市場.

る実感が必ずしももてない．もともとは水路が集まる水上交通の便利な要衝に店舗が自然発生的にでき，店舗を営む人が住むようになり，住む人の利便性から雨や陽があたらないように道を中に作り，その道に向いて店を作ったと想像されるが，これだと建物は内側の歩道に顔を向け，水辺には背を向けてしまい，道を歩いたときに水が見えず，水辺の実感がない．せっかくの水上市場で水辺の実感が得られなければ人は便利な道路沿いの市場に行くのは必然で，いずれも寂れている．このタイプはすでに消滅したものも多いと思われ，水辺の魅力作りの工夫をしないと今残っているものもいずれ消えていくことになると思われる．市場の消滅はその地域経済が衰退することを意味するので，早急な対処が必要であり，それは集客するような魅力をつけることでしか解決できない．

集落・プロムナード水辺付加型（1カ所）：集落・歩道内部型に水辺の魅力をつけるべく，その水辺部分，つまり家並の裏壁沿いにプロムナードを整備したものである．プロムナードを歩けば水面はたしかに見えるが，そのプロムナードは裏壁に面していて店舗にアクセスできない．水辺のプロムナードといえば魅力的に聞こえるが，裏壁を見ながら歩いても楽しいわけはなく，実際には魅力がない．そのため，せっかく整備したにもかかわらず，ヒアリングでは客は増えていないとのことであった．工夫もよく練らないと成功しないという典型例である．

大屋根型（1カ所）：利用者と水面との関係を分断しないように壁のない大屋根を店舗にかけたもので，水辺の実感が得られている．しかも，両岸とも同様の造りのため，水面を挟んで利用者相互に「見る-見られる」の関係が発生しやすいとみえて楽しい空間になっており，外国人客でにぎわっている（図4.6）．

浮桟橋型（3カ所）：もともと水上市場ではなかったところにレストラン・売店を乗せた浮桟橋を整備したもので，文字どおり水上の市場であり，水辺の市場とは違う楽しさがあり，観光客をひきつけている（図4.7）．

プロムナード型（2カ所）：水辺にプロムナードだけを整備したもので，陸側に売店はない．1例は寂れてしまった集落型の再開発として集落横の寺院前に整備されたものだが，屋根をつけたため柱が空間をじゃましていて水辺の魅力がなく，せっかくの整備のかいもなくあまり集客していない．これ

76　第4章　地域を保全する

では地域の活性化には繋がらない．もう1例は近在農民が小舟でヤシ砂糖などを売りに来る昔ながらの「水上売店」市場である．施設が水辺に接していないため空間の解放感があり，客は水上に行き交う船を見ながら楽しくプロムナードを歩くことができ，都市部からだいぶ離れた農村の中の不便な立地ながら外国人観光客も見られる（図4.8）．便利かどうかもさることながら，魅力的かどうかがやはり大事なのである．

(5) 集客する水上市場の特徴と知見の整理

以上から，集客しているのは「水辺を楽しめる空間が作られているところ」と整理することができる．天候に左右されずに開放的な水辺体験が楽しめる大屋根型，水上に出て飲食買い物を楽しむことのできる浮桟橋型，歩きながら休憩や買い物のできるプロムナード型など，タイプは違うがいずれも観光的な利用を提供しているものが集客しているのである．これに対して古くからある集落型は楽しい水辺体験が提供できておらず，ほとんどが寂れていた．

大屋根型，浮桟橋型，プロムナード型はいずれも比較的最近できたものである．それぞれの整備事情は異なるが，大きくまとめると集客を狙って観光的に整備したものであり，魅力さえつけられれば水路の広がる地域では比較的簡便に地域活性化のツールとして使えることを示している．しかし，もちろん魅力がうまく作れなければ失敗するのは，プロムナードをつけるなどの工夫をした集落型の水上市場が集客していないことなどからも明らかである．

分析結果を集落型水上市場再整備のための知見として整理すると，以下のようにまとめられる．すなわち，①水辺に建物すべてが背を向け，道が水辺と縁が切れていると水辺の実感が得られず集客しにくい．②建物が水辺に背を向けたまま，その背沿いにプロムナードをつけても，客は家の壁を見て歩くこととなり，それはつまらないから集客しにくい．③空き店舗を取り壊して開放的な休憩スペースに変え，店舗の奥に水上張出デッキをつけて誰でも出られるようにするなど，水辺に背を向けている状況を完全にでなくてもよいので極力解消すると集客しやすい．④中心部の数軒を取り壊し，大屋根型，浮桟橋型，簡易店舗型など，魅力が作りやすいタイプを入れた複合型に作り変えると集客しやすい．以上は基本原則で，実際の整備では空間構造などの状況は場所によって異なるため，それぞれの状況に合わせてよく練らないと

ならない.

4.4 地域の活性化に欠かせない誰もが思う魅力とは何か

(1) 魅力を感じさせるもの

　私たちは何がどうなっていると魅力があると思うのか.自然を売りにしつつ,地域の特徴を損なうことなく,利用拠点,集落などに誰もが行ってみたいと思う魅力が作れれば,農村などの地域はそれで集客し,その客から人々が経済的恩恵を受けられるようになる.問題は,誰もが行ってみたいと思う魅力が何か,よくわからないことである.魅力に限らないが,私たちは評価を頭で行っている.そして,その評価のための判断材料収集は五感,すなわち,触覚,味覚,嗅覚,聴覚そして視覚で行っている.このうち,視覚,すなわち目で見ることでの収集がもっとも情報量が多い.とくに地域を訪れた際,そこがどんなところであるかという地域理解や,よいところかといった地域評価は,ほとんど見ることで行われている.つまり,景観であり,地域の魅力は「見た目の魅力」,「景観的な魅力」といってよい.

　では,私たちは何がどのように見えると「見た目の魅力がある」と感じるのだろうか.図4.9と図4.10とを見比べていただきたい.どちらが魅力的か,どちらがよいか,どちらに行ってみたいか,これらの質問はほぼ等しいのだが,さてどちらだろうか.図4.10をあげる人が多いと思うが,では,なぜか.図4.10は,玄関が開け放たれていて私を中に誘っている.暖簾が私を迎えているように見える.障子への屋号の黒々とした丁寧な墨書も同様に私を迎えているように見える.大きな縁台が「どうぞ,お上がりください」といっているようである.その上の整然と並べられた葭簀（よしず）も「あなたのために少しの手抜かりもなく準備しました」といっているようである.障子が開け放たれていて見える人の姿やあかりは,あなたも上がってきませんかと誘っているようである.庭のアジサイ,ヤナギ,花の鉢などの豊かな緑は私のために整えられたようである.つまり,私を誘い,もてなし,しかもそれを高いクオリティレベルで行っている.一言でいえば,私をとても大事にしてくれているのである.

図4.9 もてなしの形を入れず人を迎えるメッセージを発信していない建物.

図4.10 人をもてなす形（ホスピタリティ表現）をたくさん入れた建物.

このように，「魅力」とは，「見たものが私を大事にしているように見えること」であり，配慮が行き届いていて私を誘っているようであればとても私を大事にしているように見え，魅力があると人は感じるのである．図4.9の建物は，入口も板戸も障子も閉まっていて，私を拒んでいるように見える．加えて縁台も暖簾も花の鉢もなく，私を大事にしているように見えない．そのために魅力がないと私たちは感じるのである．

(2) 「あなたを大事にします」というホスピタリティ表現

　私たちは「私を大事にしてくれそうか」を目で見て判断評価していて，「大事にしてくれている」と見えれば魅力と感じ，大事にしていないと見えると魅力がないと感じる．ここで大事なことは，「目で見て評価している」という点である．目に見えないものを私たちは評価することができない．来訪者を大事にする，もてなすというのは気持ち・心であるが，心は目に見える形にしないと相手に伝わらないのである．したがって，「あなたを大事にします」というメッセージを目で見てわかる形で作っていくことが大事なこととなる．この「あなたを大事にします」という気持ちが相手に伝わるように目で見てわかる形にしていくことを「ホスピタリティ表現」といい，魅力作りとはホスピタリティ表現を高いクオリティでたくさん作ることにほかならない．大事にされるのが嫌いな人はいないので，洋の東西を問わず，民族や宗教を超えて，このホスピタリティ表現は普遍性があり，どんな整備でも，ホスピタリティ表現を入れれば魅力的になるといっても過言ではない．

(3) ホスピタリティ・ディベロップメント

　このホスピタリティ表現を用いた整備をホスピタリティ・ディベロップメントという．図4.11は道路のホスピタリティ・ディベロップメントである．道路中央に人を誘う足湯を設けたもので，整備前（図4.12）と比べればその魅力の違いは歴然であろう．道路でのホスピタリティ表現のポイントは車よりも人を大事にしているように見せることで，そのためには道路中央に人のスペースを作ればよいのである．足湯の形状が複雑なのにも理由があり，一人一人が自分の居場所を与えられていると感じられるようにしてある．これも，「自己領域形成」というホスピタリティ表現では重要な概念である．

　図4.13は建物のホスピタリティ・ディベロップメントの例である．建物前にデッキを設け，足湯を作ったもので，こちらも整備前の図4.14と比べてその差は歴然であろう．建物でのホスピタリティ表現のポイントは建物が人を誘っているように見せることで，そのためには道路から見える建物前にデッキや休憩スペースを配置すればよいのである．たくさん置かれているイーゼル看板や花鉢なども，簡便だが大事なホスピタリティ表現である．図4.

図4.11 温泉地の道路でのホスピタリティ・ディベロップメント（アフター）．

図4.12 人よりも車を大事にしているように見える温泉地の道路（ビフォー）．

11，図4.13も，同じ温泉地での整備である．この町では，2本の道路，河川，そして建物をホスピタリティ・ディベロップメントで再整備することで町全体を魅力的にしようと試みたのだが，このような考え方で既存集落全体を魅力的にすることも可能である．

(4) 地域を守る研究

　地域や地域の自然を守るには地域の人々の経済的活性化が不可欠であり，サステイナブルツーリズムは有効な方策の1つで，それには集客の整備が欠かせない．本節で紹介したホスピタリティ表現はその有力なツールであり，

図 4.13 温泉地の公共施設でのホスピタリティ・ディベロップメント（アフター）．

図 4.14 人を誘っていない公共施設（ビフォー）．

それを 4.3 節のように地域に取材して地域に合った形で使っていくことが大事である．もちろん，すべての開発の前提に，4.2 節のような地域理解も欠かせない．本章で紹介したような，以上に関係する研究の積み重ねが地域を守るのに役立つと考えている．

引用文献

西坂涼．2012．カンボジア・バッタンバンにおける景観認識――学生による景観描画と景観写真の分析より．平成 23 年度東京大学大学院農学生命科学研究科修士論文．

西坂涼・堀繁・鴨下顕彦．2011．カンボジア・バッタンバンの学生による景観認識——開発の進む農業地帯における景観描画分析．農村計画学会誌，30：219-224.

パキチィポン＝マナッナン．2008．タイ中部の水上市場の空間構成とその特徴．平成19年度東京大学大学院農学生命科学研究科修士論文．

第 II 部
遺伝資源としての生物資源

第5章

根本圭介

作物の遺伝資源を掘り起こす
―― ゲノム情報の利用

5.1 品種改良と遺伝資源

　20世紀後半の作物栽培においては，肥料・農薬に大きく依存する技術が中心的な役割を果たした．もっとも端的な例は，1960年代に始まる世界的な穀物の増産運動，すなわち「緑の革命」である．緑の革命を牽引した技術とは，肥沃な土地でも倒伏しないよう品種改良によって草丈を低くしたイネやコムギを，化学肥料を大量に施用して栽培することにより多収を得るという栽培法である．多肥が引き起こす病害虫の大発生に対しては，農薬の大量散布による対処療法的な対応がなされてきた．こうした増産主体の栽培技術は，人口爆発に伴う食料需要をなんとか支えてきた反面，農業生態系全体の調和・持続性との間に大きな摩擦を生んできた．さらなる人口増，工業化や砂漠化による耕地面積の減少，地球規模での異常気象などによってこのジレンマが拡大の一途をたどる今日，これまでのような肥料・農薬依存型の品種開発に代わる，"作物自身の生産性の向上"や"収量性の低下を伴わない環境耐性の強化"を目指した品種開発が強く求められている．

　人類がこれまで作物改良の素材，すなわち"遺伝資源"として利用してきたのは，その大半が，作物（あるいは，これと交配可能な近縁種）に種内変異として保有されてきた多様な変異である．こうした遺伝資源の品種育成への利用には，大きく分けて3つの段階がある．それぞれの地域で昔から利用されてきた作物は遺伝的に雑駁な場合が少なくないが，こうした在来の集団から優良な個体を選んで純系分離し，優良品種として用いることが最初の段階である．一見単純そうに見えるが，この純系分離こそがすべての品種改良の出発点となる．わが国のイネの品種改良の歴史をふり返ると，明治時代に

公的機関のみならず地方の篤農家が競って純系分離による品種作りを行い，その結果として得られた"神力"，"愛国"，"亀の尾"などの優良品種が，その後のわが国のイネの改良における基幹品種となった．

　第二の段階は，このようにして生み出された品種同士を交配して新しい品種を育成するというやり方で，交配育種と呼ばれる．純系選抜は雑駁な集団の中から優良な品種を純系として確立することであって，これまでになかったような形質の組み合わせをもつ品種を作り出すことはできない．これに対して，交配育種では既存の変異にはなかったような形質の組み合わせが多数生み出されることから，純系選抜では考えられなかったような新規な品種も育成できる．現在，日本で栽培されているイネ品種はほとんどがこの交配育種によって育成されたものであるし，緑の革命の嚆矢となった有名な多収イネ品種 IR 8 もまた交配育種の成果である．

　こうして，多様な遺伝資源を利用しながら人類は多くの優れた品種を作出してきた．しかし一方で，育種は勘と経験がものをいう技術とされてきた．遺伝資源はたしかに重要であるが，それらの特徴が遺伝的にどう決まっているのか——いいかえれば，染色体のどの領域に座乗する何個の遺伝子によって決まっているのか——ということがほとんど不明であったために，常に"手探り"で交配や選抜を進めていく必要があったためである．実際，後述のように品種と品種の間の違いには多数の遺伝子が関与しており，それらの働きを分割して理解することはきわめて困難な問題であった．品種を特徴づける遺伝子が染色体上のどの領域に座乗しており，それらは具体的にどの程度の作用力をもつのかといったことがなんとか把握できるようになってきたのは，DNA マーカー技術が進展した 1980 年代の末ごろであるが，結果として得られた情報は，品種育成の手法のみならず作物の生産性・環境耐性の機構解明のさらなる発展にとっても大きなインパクトを与えつつある．これが第三の段階であり，本章ではイネを例としてこの問題を解説したい．

5.2　さまざまな遺伝資源

　まず最初に，イネを例として遺伝資源の多様性とは具体的にどのようなものであるかを見てみたい．中国では古くからイネを穀粒に粘りのある品種と

粘りのない品種に大別し，それぞれ粳稲（こうとう）および籼稲（せんとう）と呼んできた．インドネシアでは，少げつ（分げつの数が少ない性質）で短粒のブル稲と多げつ（分げつの数が多い性質）で長粒のチェレ稲が区別されてきた．このように，多くのアジア民族がイネに大きな2つのグループを認めてきたが，1928年に，イネ品種間の雑種不稔を調査した九州大学の加藤茂苞はアジア各地のイネ品種が交雑親和性の観点からも2つのグループに大別できることを確認し，イネをインディカとジャポニカの2つの亜種に分けることを提唱した．インディカには籼稲やチェレ稲，ジャポニカには日本の品種のほかに粳稲やブル稲が含まれる．

たしかに東アジアおよび東南アジアにおいては，イネはインディカとジャポニカに明瞭に分けられる．しかしながらインド亜大陸では，典型的なインディカ品種とジャポニカ品種に加えて，両者の特徴をあわせもったような品種群も多数存在する．そのため，1986年にフランスのグラズマンはフィリピンにある国際稲研究所所蔵の3000余品種を対象に各種アイソザイム多型を調査してイネの種内構造を明らかにするとともに，加藤による体系を修正・補足するものとして，世界の在来イネ品種を6つの群に分類した（Glaszmann, 1987）．各群の起源については，まず狭義のインディカである第1群と狭義のジャポニカである第6群が成立した後に，両者の間の交雑によって中間的な群（第2-第5群）が生じたと想像されている（図5.1）．なお，後述の浮稲性の起源に関しては，インディカ・ジャポニカ間の交雑に加えて野生イネとの交雑があったものと考えられている．

以上は，系統類縁関係にもとづく分類であるが，イネのそれぞれの品種は，系統類縁関係とは別にさまざまな"栽培型"によっても特徴づけられる．元来，イネは水性植物であり，その多くは湛水条件下で水稲として栽培されるが，一部の品種は畑条件下で陸稲として栽培される．在来の陸稲品種は大半が第6群と第2群に属するが，第1群に含まれる品種もある．陸稲は通常，深い根系をもつことによって旱魃による被害を回避する．水稲は大部分が灌漑稲あるいは天水稲として栽培されるが，一部の品種はガンジスやチャオプラヤーのような大河川流域の氾濫原で，イネの生育期間中に水深が1カ月以上にわたって50 cm以上になるような場所で栽培される．これを深水稲と呼ぶ．このうち，水深が50 cm-1 mの地帯では長稈性の在来品種（第1群

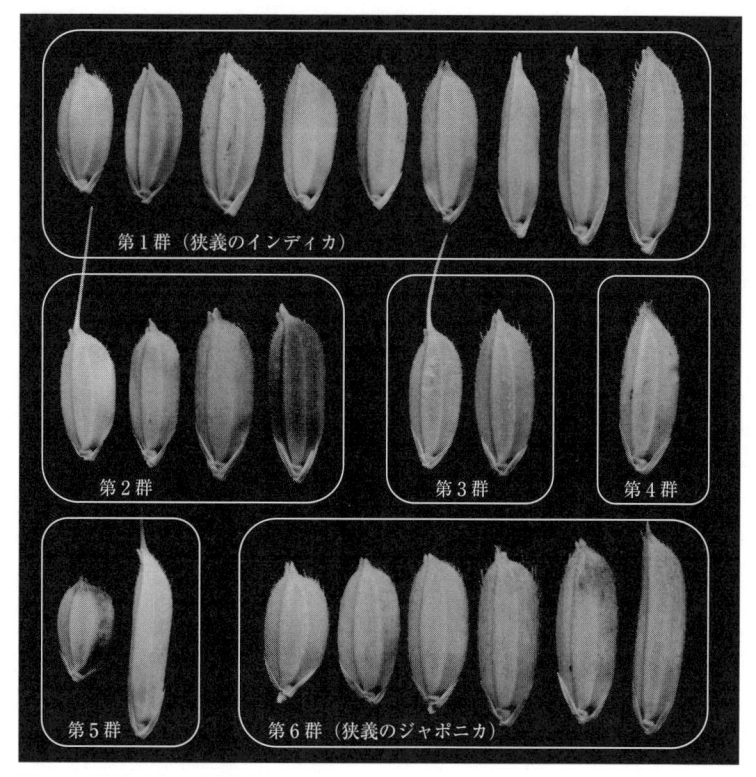

図 5.1 栽培イネの品種群.

第1群（狭義のインディカ）
第2群
第3群
第4群
第5群
第6群（狭義のジャポニカ）

に属する品種が多い）が栽培されるが，水深1m以上の地帯では後述の浮稲のみが生育可能となる．浮稲は，水位の上昇に合わせて茎を旺盛に伸長させるという特殊な能力（浮稲性）をもつ稲で，インド，バングラデシュ，タイなどに産する．浮稲は多くが上記の第3群または第4群に属するが，第1群に属する品種もある．

　こうした栽培種における遺伝的変異は基本的な遺伝資源であるが，栽培の対象とはならない近縁野生種もまた重要な遺伝資源となる．ふたたびイネを例にとると，その祖先野生種（野生イネ）は，アジアからオーストラリアにかけて広く分布する *Oryza rufipogon* である（図5.2）．栽培イネと同様に沼沢地を好み，浮稲性を示す個体群もある．多年生型と一年生型とがあり，後者は別種（*O. nivara*）として扱われることもあるが，多年生型と一年生型

図 5.2 野生イネ（*O. rufipogon*）.

の間には中間的な型が多く見られるうえに，分子マーカーを用いた集団構造の解析からも，多年性型と一年生型とが種レベルで分化していることを示す証拠は得られていない．*O. rufipogon* は，イネの病虫害に対する抵抗性の遺伝子や，ハイブリッド種子を得る際に母本が自家受精することを防ぐのに役立つ"細胞質雄性不稔"の供与親として，イネの育種に重要な役割を果たしてきた．近年では後述の量的形質遺伝子座（QTL）の解析により，収量そのものの向上に寄与するゲノム領域が *O. rufipogon* より見出されており，その育種的利用が図られている．なお，イネ属には *O. rufipogon* 以外に約 20 種が知られており，なかでも，*O. longistaminata*, *O. barthii*, *O. glumaepatula*, *O. meridionalis* および *O. barthii* から栽培化されたと考えられているアフリカイネ *O. glaberrima* が，イネや *O. rufipogon* と同じ AA ゲノムをもち，*O. rufipogon* ほど容易ではないもののイネと交配が可能である．これらもま

た，イネの品種改良のための重要な遺伝資源である．

こうした遺伝資源は人類の貴重な財産であるが，今日，その遺伝的多様性が急速に失われつつある．前世紀半ばより多くの作物において，ごく少数の改良品種が，その地方で伝統的に栽培されてきた在来品種に置き換わっていった結果，各国で多くの在来品種が失われた．イネの場合も，国際研究機関が開発した多収性の改良品種が広域に普及した結果，多くの在来品種が農家圃場から姿を消した．このような現象を"遺伝的侵食"という．また，各種作物の近縁野生種も，開発により生息地を破壊され，その数を急速に減少させているものが多い．野生イネの生息地も沼沢地の開発や道路建設によって多くが破壊されており，生息地そのものの保全を通した遺伝資源の保護が急務となっている．さらに，今日憂慮されているのは，遺伝子組換え作物の栽培に伴う遺伝子汚染である．作物の近縁野生種は，今なお栽培品種との間で絶えず交雑を起こしているものも少なくない．イネを例にとると，栽培イネと *O. rufipogon* との間では，遺伝子浸透が日常的に起こっており，栽培イネからの遺伝子浸透を受けていない *O. rufipogon* 個体群は，インドやインドネシアの森林地帯にわずかに残っているに過ぎないという．もし将来，野生イネが生息する地域で遺伝子組換えイネが圃場栽培された場合，交雑によって野生イネに組換えイネのもつ遺伝子の逸脱が起こり，その結果として野生イネ個体群が本来もっていた遺伝的多様性が損なわれる危険性が懸念されている．

5.3 自然変異の特徴

こうした遺伝資源のもつ遺伝的多様性は，それぞれの種が長い進化の過程で集団中に蓄積してきたものである．このような変異を"自然変異"と呼ぶが，この自然変異には，放射線や化学物質で誘発された"人為突然変異"では得難い，貴重な変異が多く含まれる．通常，人為突然変異ではその遺伝子の機能が失われているタイプの変異が多いが，これに対して自然変異では，"遺伝子の機能そのものは保有しているけれども，その発現の程度には差がある"といったタイプの変異が多い．これは，人為突然変異では変異がDNAの翻訳領域に生じており正常なタンパク質が生産されない場合が多い

のに対し，自然変異では変異が転写調節領域に生じている場合が多く，その結果，タンパク質の機能そのものには変化がなく発現量のみが変化している場合が多いためだろうと考えられている．たとえば，イネの発芽種子中にはデンプン分解に関わる数多くの酵素が存在するが，それらの1つであるβ-アミラーゼの活性には大きな品種間差が見られる．この原因を調べた結果，β-アミラーゼの翻訳領域にはまったく差違が見られなかったが，その転写調節領域を調べたところ活性の低い品種の転写調節領域にはトランスポゾンの一種が挿入されていることがわかった．トランスポゾンの挿入のために，β-アミラーゼ遺伝子の転写活性が約100分の1程度まで低下していたのである（Saika *et al.*, 2005）．

　このように，自然変異に関わる遺伝子の多くは，人為突然変異とは異なって機能を完全には失っていないため，多くの場合，その働きは環境の影響を敏感に受ける．こうして，自然変異では，質的には同じ機能を営みながらも，環境に対する応答性を含めた作用の程度がさまざまに異なる，さまざまなアリル（複対立遺伝子）を含むことになる．こうしたアリルの中には，もっとも普通に見られる標準的なアリルよりもその機能が増強されたものも存在する（Doebley *et al.*, 1997）．このように多様なアリルは，個々の種が長い歳月をかけて集団中に蓄積してきたものであり，突然変異誘発によって人為的に得ようとして得られるようなものではけっしてない．そして，こうした多様性なくして作物の育種は成り立たないのである．こうした個々の自然変異の作用は，さらに，座を異にするほかの遺伝子の作用を受けている場合が多い．このような現象をエピスタシスというが，ある遺伝子座のみを別の品種の背景に導入しても，その遺伝子はエピスタシスを失って，その結果，もとの作用を示さなくなる場合も多い．

　もう1つ重要な点は，こうした自然変異の多くがポリジーンとして働くということである．異なる品種の間では，どのような形質をとってみても，その制御に関わっているさまざまな遺伝子に，多かれ少なかれ自然変異が見られることが普通である．いいかえれば，収量性であれ環境に対する耐性であれ，異なる品種の間の生理生態的特徴がただ1つの遺伝子の自然変異によって決まっていることはむしろまれなことであって，通常は，多数の自然変異の総和（単純な累積効果ではなく，エピスタシスのような複雑な相互作用を

含めた総和）として現れている場合が圧倒的に多いということである．したがって，ある対照的な特徴をもった2つの品種を交配した場合，できた雑種集団に明瞭な分離が見られることはまずなく，通常は正規分布に近い連続分布を示す．こうした形質を"量的形質"というが，量的形質と自然変異とは切っても切れない関係にある．

5.4 自然変異の遺伝解析

このように，遺伝資源のもつ自然変異は品種改良にとって最重要の素材であるが，冒頭で述べたように，自然変異が具体的にどの染色体領域に座乗する遺伝子の変異であるのかという問題は，よほど顕著な変異を除いてほとんど解明されてこなかった．関与する遺伝子の働きを"形質の分離"を手がかりとして推定していく古典遺伝学の方法論では，分離することなく連続変異する量的形質の遺伝解析は歯が立たなかったためである．

しかし，ようやく1980年代後半に量的形質遺伝子座（Quantitative Trait Locus：QTL）解析法が登場するに至って，こうした量的形質の遺伝解析は目覚ましい進歩を遂げ始めた．このQTL解析では，まず，調べたい形質について遺伝的な差異のある2つの品種を交配して遺伝解析用の雑種集団（分離集団）を育成する．この集団におけるDNAマーカーの分離型と量的形質の測定値から，関与する遺伝子座（QTL）を検出していく．遺伝子の染色体上の位置がわかると計画的かつ迅速な品種改良が可能となるし，染色体上の正確な位置を知ることによって当該遺伝子のDNA塩基配列を明らかにできることからも，染色体地図上の位置を知る意義は大きい．このQTL解析の具体的手順は，以下のとおりである．

(1) 遺伝解析用集団の育成と形質評価

両親の雑種（F_1）を自殖することによって得られるF_2集団も利用できるが，後述の遺伝子型判別は非常に骨の折れる仕事であり，したがって遺伝子型判別を一度すませておけば種子更新によって恒久的に使用できるタイプの解析集団が便利である．恒久的解析集団のうちでもっとも代表的なものが組換え近交系である．F_2集団の1個体1個体において自殖を繰り返すと，5-6

品種A × 品種B

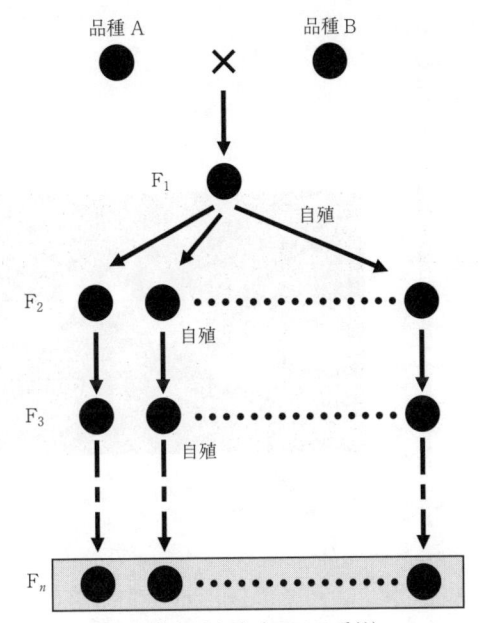

F$_1$ 自殖

F$_2$

自殖

F$_3$

F$_n$
組換え近交系（100-200系統）

図5.3 組換え近交系の育成．

世代を経過したころにはヘテロの領域が十分に小さくなり，実質的に固定系統として利用できる"組換え近交系"となる（図5.3）．とくに，生産性を対象とした解析を進める場合は同一遺伝子型の個体からなる群落を作って形質評価することがどうしても必要であり，この組換え近交系の利用が不可欠となる．どのQTLがどのような環境下で作用するかを比較調査するには，同一の組換え近交系をさまざまな地域・環境で栽培し形質評価すればよい．集団サイズは100-200系統が普通である．

(2) 遺伝子型判別と連鎖地図作成

この雑種集団を対象として，DNAマーカーの多型にもとづく連鎖地図を作る．DNAマーカーとしては，かつてはRFLPマーカーが多用されたが，DNA解析（サザン解析）の煩雑さと多型率の低さから，最近はPCRマーカーの1つであるSSRマーカーの開発が進んでいる．両親間で多型を示すマーカー（図5.4）から，染色体全域に10-20 cM間隔に分布するようなセッ

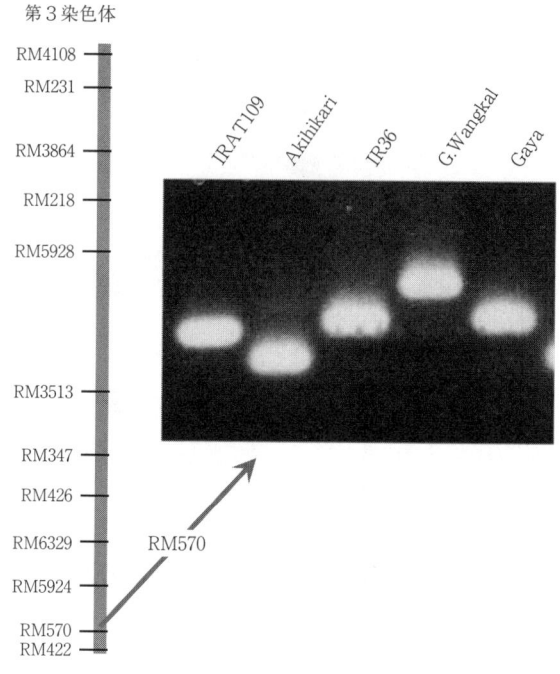

図5.4 SSRマーカーによる親品種の多型解析.

トを選び，組換え近交系の各系統（F_2集団などを用いた場合には個体）につき遺伝子型判別を行う．得られた遺伝子型データをもとに，Mapmakerなどのソフトウェアを用いて連鎖地図を構築する．

(3) QTL解析

この連鎖地図をもとに，各系統（あるいは個体）におけるDNAマーカーの分離型と量的形質の測定値から，関与するQTLがいくつあり，染色体上のどこにあり，それぞれがどの程度の作用力をもち，またQTLとQTLの間にどのような遺伝的働き合い（エピスタシス）があるのか，といったことが推定できる．解析にあたっては，QTL Cartographerをはじめとする各種ソフトウェアが利用できる．

5.5 QTLからわかること

QTL解析の実例として,前述の浮稲(図5.5)における浮稲性に関わるQTLを対象とした筆者らの研究(Nemoto *et al.*, 2004)を示す.バングラデシュの浮稲品種Goaiとインドの非浮稲Patnai 23を交配して浮稲性(主として,節間伸長をもたらす茎の分裂組織の分化時期の早い遅いによって決まる)をつかさどるQTLを調査したところ,浮稲性は第3染色体と第12染色体にそれぞれに1個のQTLが座乗していることがわかった(図5.6).とりわけ第12染色体に座乗するQTLの寄与が大きかったが,このQTLには複数のアリルが存在するらしい.品種Goaiでは,この染色体領域が分裂組

図5.5 浮稲の栽培地(カンボジア).

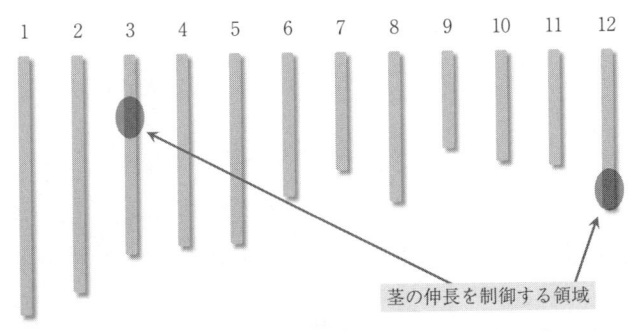

図5.6 浮稲性(茎の伸長)に関与する染色体領域(QTL).

織の分化時期を約1週間早める作用をもつのに対し，より強力な浮稲性を示す品種 Habiganj Aman VIII では，同じ染色体領域が分裂組織の分化時期を2週間近く早めていた（Tang et al., 2005）．いったんこうした QTL が見出されれば，連鎖する DNA マーカーを目印としてわずか数回の交配によって，浮稲性のみを"収量は高いが深水に対する耐性がない"品種に導入することが可能となる．なお，第12染色体に座乗する QTL は後日，別の研究グループによって原因遺伝子が単離されたが，それはエチレンに応答する転写因子であった（Hattori et al., 2009）．

　QTL 解析の応用として興味深いテーマの1つに，環境要因に対する応答性の遺伝解析を挙げることができる．作物の生育するフィールド環境はさまざまな環境要因が時々刻々と変化する複雑系であり，したがって，それらに対して作物が示す花成や開花といった発育応答もまた，制御環境下とは違って解析困難である．こうした問題は，これまで農業気象学的なモデリングの手法により定量的な解析が行われてきたが，筆者らはこうしたモデリングの手法を QTL 解析に応用することにより，環境に対する個体の応答を1つ1つの遺伝子の作用に還元できることを示した（Nakagawa et al., 2005）．一般に農業気象学的な発育予測では，発芽や花芽分化，出穂などの発育の経過にもとづいて"発育の進む速度（発育速度）"を定義する．この"発育速度"と日々の温度・日長などのフィールド環境要因との間の関係を関数化し，それら関数のパラメータを作期移動試験などのデータを用いて決定すれば，気象の経過から到穂日数（播種から出穂までの日数）を予測するモデルが完成する．これが，イネの出穂日予測などにも広く実用化されている"発育モデル"である．まず筆者らは第一段階として，温度感受性（花成が高温によって促進される性質）を表すパラメータ（α），日長感受性（花成が短日条件によって促進される性質）を表すパラメータ（β）および基本栄養成長性（出芽した苗が成長して短日条件に感応できるまでに要する日数）に対応するパラメータ（G）の計3パラメータ（α, β, G）のみで花成の環境応答を精度高く記述できるような発育モデルを構築するとともに，"日本晴×カサラス組換え近交系"（早晩性の遺伝がもっともよく調べられているマッピング集団）を5作期にわたって圃場栽培して系統ごとに α, β, G の各パラメータを決定し，それらの QTL を同定した．同定された諸 QTL は予想どお

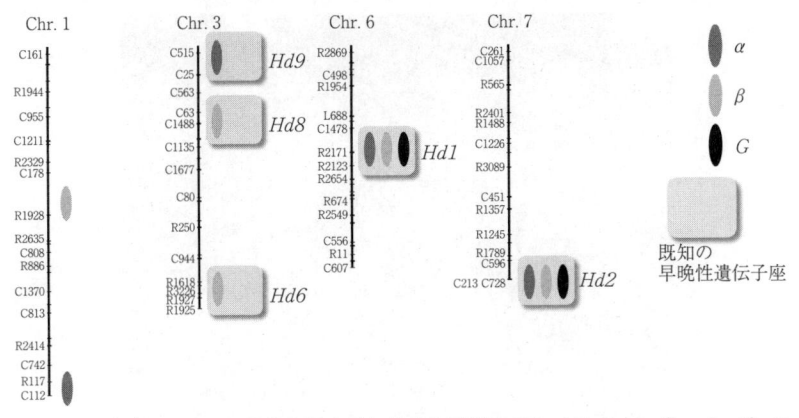

図 5.7 日本晴×カサラス組換え近交系における開花モデルパラメータ (α, β, G) の QTL.

り，早晩性に関する既知の遺伝子座のいずれかと一致した．そして，パラメータ QTL と早晩性遺伝子座の対応関係から，早晩性遺伝の環境応答性（感温性／感光性／基本栄養成長性）を定量的に推定することができた（図5.7）．また，近交系の各系統がそれぞれのパラメータ QTL に日本晴・カサラスいずれの遺伝子型をもつかを入力することにより，任意の気象条件下における各系統の出穂日を発育モデルから予測することが可能となった．

5.6 東京大学アジア生物資源環境研究センターによる QTL 解析用リソースの育成

このように利用価値の高い QTL 解析であるが，解析に必須である DNA マーカーを用いた遺伝子型判別は，非常に骨の折れる仕事である．したがって，遺伝子型判別を一度すませておけば種子更新によって恒久に使用できる組換え近交系の育成が重要である．イネでは九州大学や農業生物資源研究所によっていくつかの組換え近交系が公開されてきた（Tsunematsu et al., 1996；Lin et al., 1998）．しかしながら，QTL とはアリルの多様性の現れであり，限られた交配組み合わせにもとづく解析だけでは目的を達成できない場合が多い．一方，組換え近交系はどのような組み合わせでも育成できるものではなく，組み合わせによっては出穂期に著しい超越分離が生じたり遠縁交

図 5.8 タイ国ウボン稲研究所に東京大学アジア生物資源環境研究センター育成の集団を展開して耐干性の QTL を解析.

雑に由来する不稔が多発したりすることも多い．このような現象によって組換え近交系の生産性が大きく変異すると肝心の QTL が検出困難となるので，そのような要因を抱えた組み合わせも不適切である．このような点を考慮しながら，東京大学アジア生物資源環境研究センターにおいても十数年にわたり，東南アジアやアフリカの在来品種のもつ有用形質の解析を目的として，多くの組換え近交系の育成を行ってきた．これらのリソースは，すでに国内外の多くの研究者によって利用されており，多くの知見を生み出してきた（図 5.8）．

こうしたリソースの共有を通して私たちが目指すものは，各分野で得られた情報の総合化である．とくに強調しておきたいのは，異なる分野で得られた結果の相互関連性を検討するうえで，染色体地図情報が 1 つの共通通貨となる点である．具体例を挙げると，当センターが育成した水稲と陸稲の交配にもとづく組換え近交系（Yamagishi et al., 2004）を用いて根の研究者が同定した深根性に関わる QTL（Horii et al., 2006）と，かたや，同じ組換え近交系を用いて生理学研究者が同定した耐干性の QTL（Kato et al., 2009）とは，興味深いことに染色体地図上の位置が一致する．このことは，深根性を付与する上記 QTL が圃場での耐干性の向上に有効であることを示唆するものであろう．こうした研究者間での比較を精度よく行うためには，形質評価試験の

テクニカル・スタンダーダイゼーション（試験方法の規格化）を積極的に図ることも重要であるが，このような取り組みもまた，共同利用センターとしての当センターに課せられた責務の1つであろう．

引用文献

Doebley, J., A. Stec and L. Hubbard. 1997. The evolution of apical dominance in maize. Nature, 386：485–488.

Glaszmann, J. C. 1987. Isozymes and classification of Asian rice varieties. Theoretical and Applied Genetics, 74：21–30.

Hattori1, Y., K. Nagai, S. Furukawa, X. J. Song, R. Kawano, H. Sakakibara, J. Wu, T. Matsumoto, A. Yoshimura, H. Kitano, M. Matsuoka, H. Mori and M. Ashikari. 2009. The ethylene response factors SNORKEL1 and SNORKEL2 allow rice to adapt to deep water. Nature, 460：1026–1030.

Horii, H., K. Nemoto, N. Miyamoto and J. Harada. 2006. Quantitative trait loci for adventitious and lateral roots in rice (*Oryza sativa* L.). Plant Breeding, 125：198–200.

Kato, Y., K. Nemoto and J. Yamagishi. 2009. QTL analysis of panicle morphology response to irrigation regime in aerobicrice culture. Field Crops Research, 114：295–303.

Lin, S. Y., T. Sasaki and M. Yano. 1998. Mapping quantitative trat loci controlling seed dormancy and heading date in rice, *Oryza sativa* L., using backcross inbred lines. Theoretical and Applied Genetics, 96：997–1003.

Nakagawa, H., J. Yamagishi, N. Miyamoto, M. Motoyama, M. Yano and K. Nemoto. 2005. Flowering response of rice to photoperiod and temperature：a QTL analysis using a phenological model. Theoretical and Applied Genetics, 110：778–786.

Nemoto, K., Y. Ukai, D. Q. Tang, Y. Kasai and M. Morita. 2004. Inheritance of earlyelongation ability in floating rice revealed by diallel and QTL analysis. Theoretical and Applied Genetics, 109：42–47.

Saika, H., M. Nakazono, A. Ikeda, J. Yamaguchi, S. Masaki, M. Kanekatsu and K. Nemoto. 2005. A transposon-induced spontaneous mutation results in low β-amylase content in rice. Plant Science, 169：239–244.

Tang, D. Q., Y. Kasai, N. Miyamoto, Y. Ukai and K. Nemoto. 2005. Comparison of QTLs for early elongation ability between two floating rice cultivars with adifferent phylogenetic origin. Breeding Science, 55：1–5.

Tsunematsu, H., A. Yoshimura, Y. Harushima, Y. Nagamura, N. Kurata, M. Yano, T. Sasaki and N. Iwata. 1996. RFLP framework map using recombinant imbred lines in rice. Breeding Science, 46：279–284.

Yamagishi, J., N. Miyamoto, S. Hirotsu, C. R. Laza and K. Nemoto. 2004. QTLs for branching, floret formation, and pre-flowering floret abortion of rice panicles in a temperate *japonica* × tropical *japonica* cross. Theoretical and Applied Genetics, 109：1555-1561.

第6章
高野哲夫

野生植物を利用する
—— 環境耐性の遺伝資源

6.1 環境ストレスと野生植物

　地球上の陸地で，耕作を行うことができる面積はそれほど大きくない．たとえば，地球上にある陸地の約4分の1（36億ha：日本の国土の約95倍に相当する）が砂漠化の影響を受けているうえに，世界の砂漠は毎年6万km^{2}ものスピードで広がっている（地球温暖化白書，2007）．砂漠化以外にも，高温や低温，過剰な水や渇水，多すぎる日照や少なすぎる日照，高すぎる土壌pHや低すぎる土壌pH，土壌の重金属汚染，放射線や大気汚染などはすべて植物の不良環境要因となり，そのような環境下で植物は環境ストレスによる生育阻害を受ける．一方ですべての植物には不良環境に適応して生き残るための優れた耐性機構が備わっているため，ある程度の環境の変化があっても植物は生存することができる．環境の悪化に適応する能力には植物種・品種により差があり，ごくわずかな環境の変化にも適応できない植物もあれば，信じられないような過酷な環境に適応する植物もある．しかし適応能力には必ず限界があり，限界を超えた不良環境下で植物は生育することができない．21世紀は世界人口の急激な増加が予想され，深刻な食料不足の問題が危惧されているため，さまざまな不良環境下で生育できる作物を品種改良によって作出し，耕地面積の拡大を図ることが食料増産のために重要な課題となっている．また，世界中で進行している深刻な森林破壊や砂漠化などに対応して地球環境の保全と修復を図るためにも，不良環境下で生育する能力をもつ植物，すなわち環境ストレス耐性植物が重要な役割を果たすと考えられる．

　環境ストレス耐性を向上させることは古くから重要な育種目標（品種改良において改良すべく設定する目標）の1つである．乾燥耐性，耐湿性，耐塩

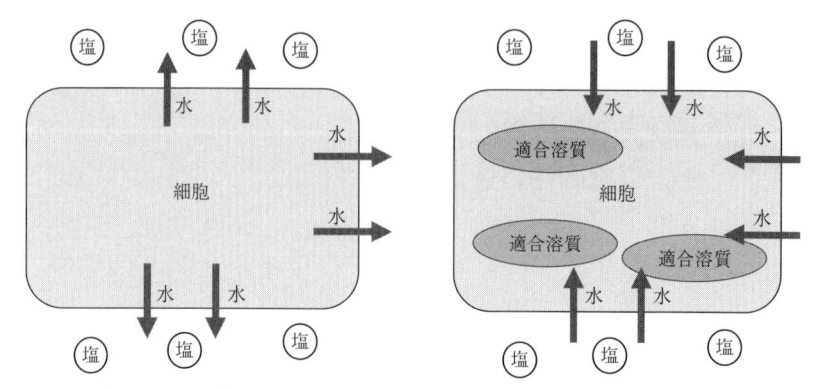

図 6.1 植物体外部（または細胞外部）の塩濃度が高くなると浸透圧のバランスが崩れ，水分が失われる．適合溶質が細胞内で合成・蓄積されることにより浸透圧のバランスが保たれ，水分を吸収することができる．

性，耐寒性，耐冷性，耐酸・アルカリ性，重金属耐性などの環境ストレス耐性をもつ作物が育種されれば，従来は耕地として利用できなかった土地での耕作が可能になり，耕地面積の拡大が期待できる．たとえばイネの耐寒性・耐冷性を向上させることにより日本における稲作地域は徐々に北上し，北海道でも稲作が可能になった（松尾，1990）.

環境ストレス耐性に関する育種は，遺伝資源を収集し，その中から強い耐性をもつ品種・系統を見出し，その性質を交配によってほかの品種・系統に導入する方法で行われてきた．このような育種は有効であるが，作出される品種の耐性の程度が遺伝資源の変異の範囲を超えることは期待できない．つまり，遺伝資源から探し出した耐性品種・系統よりも耐性の強い品種は得られない．そこで近年は，遺伝子を外部から直接導入することにより環境ストレス耐性を向上させる分子育種の手法が注目されていて，実験室レベルではすでに多くの成功例がある．たとえば，外部の浸透圧変化に応答して細胞内で合成・蓄積される適合溶質（compatible solute）と呼ばれる物質の合成能力を高めたり，本来植物が作らない適合溶質を作らせたりすることで耐塩性が向上する（田中ら，2007：図6.1）．また細胞膜上にあるタンパク質であるNa^+/H^+アンチポーター（対向輸送体）を大量に作らせて，有害なナトリウムイオンを細胞外へ排出する能力を高めることにより耐塩性が向上した（Shi *et al.*, 2003）．液胞膜上にあるNa^+/H^+アンチポーターを大量に作らせる

と，ナトリウムイオンを液胞内に隔離する能力が高くなるため同様に耐塩性が向上する（Apse, 1999）．

環境ストレスにさらされた植物体内では活性酸素が過剰に発生するので，活性酸素を無毒化するために植物に備わっている機構を強化することによっても，環境ストレス耐性は向上する（藪田ら，2007）．さらに，植物が環境ストレスを感知してから植物体内で適応応答が起こるまでには複雑なシグナル伝達の機構が存在し，遺伝子に結合することでその遺伝子の発現を制御するタンパク質である転写因子が重要な役割を果たすが，そのような転写因子や酵素の遺伝子を導入することによっても，ストレス耐性が強化されることも多く報告されている（佐久間・篠崎，2007）．

実験室レベルだけではなく，実際に圃場や水田を利用して耐性植物の有効性を示した報告もある．たとえば，石灰質アルカリ土壌では鉄を吸収することが困難になり鉄欠乏になるため植物の生育が阻害されるが，鉄吸収に関わるオオムギの遺伝子を導入した形質転換イネは野生型と比較して強い耐性を示すことが，隔離水田で行われた実験により示された（Suzuki et al., 2008）．しかし，これらの形質転換植物におけるストレス耐性は，比較的短期間で低レベルのストレスには対応できるが，生育の全期間にわたって継続的，かつ強度のストレス条件下に置かれた場合に十分な生育量や生産量が確保できるような耐性は発揮されていない．

実験室内で採用される環境ストレス条件は，実際に世界各地で問題となっている不良環境よりも軽度である．なぜなら，実際の不良環境地域のような条件では，形質転換植物も生き延びることができないからである．その理由の1つとして，これまで行われてきた分子育種が，イネやシロイヌナズナなどモデル植物の遺伝子を導入することによって行われてきたためであると考えられる．このような方法では，イネやシロイヌナズナのもつ耐性の能力を超えることが期待できないため，前述した交配による育種と同様に，分子育種によって得られる環境ストレス耐性の向上には限界がある．

一方で，先にも記述したように地球上にはきわめて劣悪な環境ストレス下で生育している植物が数多く存在する．雪が積もったように表面が真っ白に見える塩類集積土壌にも，野生植物が緑々と繁茂する様子を観察することができる．沿岸地域などに生育する塩性植物のマングローブは，通常の植物が

生育できない汽水域においても生育可能である．また沿岸部の汽水域に広大なヨシ原を見ることができる．

　明らかなことは，これらの植物がほかの植物が生育できないような劣悪な環境下で生育できるのには，生育できる理由があるということである．すなわち，これらの植物には劣悪な環境で生き延びるためのストレス耐性機構，それも極強の耐性機構が備わっている．しかしその耐性機構がどのようなものなのか，まだほとんどわかっていないのが現状である．環境ストレス極耐性の植物の耐性機構を解明すれば，これまでまったくわからなかった耐性機構を応用して植物のストレス耐性を向上させることができるのではないだろうか．具体的には，環境ストレス極耐性の耐性機構の鍵となる遺伝子を作物などに導入してやれば，これまでは得られなかった，画期的に耐性の向上した植物が分子育種により得られるのではないだろうか．

　本章では，環境ストレス耐性に関与する遺伝子の解析方法について説明し，植物の環境ストレス耐性機構を理解するための実験材料として，さらに新しい有用遺伝子の供給源としての塩類極耐性野生の重要性について解説する．

6.2　環境ストレス耐性関連遺伝子の解析法

(1)　植物生理学的解析

　植物生理学的な研究により，植物の環境応答について分子レベルで理解することは非常に重要である．そのような知見を蓄積することにより，植物の環境ストレスに対する耐性機構を解明することが期待できるからである．たとえば，外界の環境変化に応答して細胞の浸透圧を調整する機構についての研究は大腸菌を用いて始まった．大腸菌が高濃度の塩などにより高浸透圧ストレスを受けると，カリウムイオン，グルタミン酸やプロリンなどのアミノ酸，グリシンベタイン，糖などの濃度が上昇して細胞内の浸透圧を上げ，細胞の脱水を回避することがわかった．これらの物質は低分子で溶解度が高く，高濃度でも細胞の代謝に悪影響を与えないという特徴をもち，6.1 節で述べたように適合溶質（compatible solute）と呼ばれる．

　大腸菌による先行研究を受け，植物細胞においても浸透圧調節にプロリン

などの適合溶質が重要な役割を果たすことが明らかになり，適合溶質生合成に関わる酵素をコードする遺伝子が環境ストレス耐性に重要であることが明らかになった（田中ら，2007）．また，鉄は植物の必須元素であるが，石灰質アルカリ土壌において植物は鉄を十分吸収できないため，深刻な生育阻害を受ける．高等植物の鉄吸収機構については生理学的な解析から，双子葉類とイネ科以外の単子葉植物がもつ機構（Strategy-1）とイネ科植物のみがもつ機構（Strategy-2）のモデルが提唱され，そのモデルに沿うようにして鍵となる遺伝子が数多く単離された（板井・西澤，2007）．

(2) 遺伝学的解析

植物の耐塩性機構に関与する重要な遺伝子が，シロイヌナズナを用いた遺伝学的な解析により発見された．突然変異を誘発することが知られている化学物質 EMS（メタンスルホン酸エチル）を種子に与えたシロイヌナズナの集団を用いて塩に対して感受性となる系統を探索したところ，複数の感受性系統（sos系統：salt overly sensitive）が得られた．遺伝学的な解析により，これら感受性系統の原因遺伝子は $SOS1$（細胞膜型 Na^+/H^+ アンチポーター），$SOS2$（セリン／スレオニン型タンパク質リン酸化酵素），$SOS3$（カルシウム結合タンパク質）であることが明らかになった（Zhu, 2003）．

また，これらの遺伝子が関与する SOS 機構と呼ばれる耐塩性機構の存在が明らかになった．塩ストレス下における SOS 機構における反応経路は，1) 植物が塩分ストレスにさらされる，2) 細胞膜にある受容体が塩ストレス信号を識別し，細胞質内のカルシウムイオン（Ca^{2+}）濃度が上昇する，3) この Ca^{2+} 信号によりカルシウム結合タンパク質である SOS3 が活性化され，SOS2 と結合してリン酸化酵素である SOS2 が活性化する，4) SOS3 における N 末端のアルキル化グループが SOS3/SOS2 複合体を細胞膜上に運び固定し，SOS2 をリン酸化させるとともに SOS1 を活性化させる，となっていることが明らかにされている（Quintero *et al.*, 2002）．SOS 機構はイネなどほかの植物にも存在し，植物に普遍的な機構であることも示されている．

(3) 種・品種間，およびストレス処理の有無による遺伝子発現の比較

環境ストレス耐性が高い種・品種で耐性の低い種・品種より発現量の高い

遺伝子は，環境ストレス耐性に関与するかもしれない．また，環境ストレスが与えられたときに常時より発現量が上昇する遺伝子は，ストレスに対する適応反応において重要な役割を果たす可能性がある．そのような遺伝子を特定するのに行われてきたのがディファレンシャルディスプレイ法やサブトラクション法である．いずれの方法も試料から抽出した mRNA（messenger RNA：遺伝子から転写された RNA）を鋳型として cDNA（complementary DNA：転写された mRNA と相補的な塩基配列をもつ DNA）を合成し，PCR（Polymerase Chain Reaction：ポリメラーゼ連鎖反応）などの手法によりストレス耐性の高い種・品種やストレス処理を施した植物で特異的に発現している遺伝子を特定する方法である．

サブトラクション法では，比較する 2 つの試料でともに発現している遺伝子を除くことにより，より効率的に遺伝子を同定する．乾燥ストレスによって特異的に誘導されるシロイヌナズナの *RD*（Responsive to Desiccation）遺伝子はディファレンシャルディスプレイ法により同定され（Yamaguchi-Shinozaki *et al.*, 1992），乾燥および ABA 応答のシグナル伝達機構の解明につながった（佐久間・篠崎，2007）．しかし，後述するマイクロアレイ法などの普及により，サンプル間の遺伝子発現プロファイルの比較を網羅的に行うことが容易になったため，これらの手法は近年あまり用いられなくなっている．

(4) 網羅的解析

イネやシロイヌナズナをはじめとしてさまざまな植物種で全ゲノム配列が決定されるとともに，EST（Expressed Sequence Tag：転写されている遺伝子）に関する情報が蓄積されるようになった．それらの植物種では，スライドガラスまたはシリコン基盤上に，EST 情報をもとに DNA の部分配列を高密度に配置し固定した DNA マイクロアレイ（または DNA チップ）が作製され，遺伝子発現について解析する試料から合成された cDNA と反応させることにより，試料内で特異的に発現している遺伝子の同定を網羅的に行うことが可能になった．すでにモデル植物や作物種を中心に多くの植物種においてマイクロアレイが実用化されているが，マイクロアレイが作出されるためには膨大な DNA の塩基配列情報が必要である．またマイクロアレイで解析ができるのは基盤上に配置された DNA についてのみであり，未知の遺

伝子などの解析を行うことはできない．

　遺伝子発現プロファイリングの解析方法として，上に述べたようなマイクロアレイの欠点を補うことができる方法として開発されたのが，SAGE（Serial Analysis of Gene Expression）法およびその改良版であるSuperSAGE法である（Matsumura et al., 2003）．いずれも対象とする細胞や組織でどのような遺伝子が発現しているか把握する，遺伝子発現プロファイリングのための手法であり，既存のDNA配列情報を利用せずに定量的な大規模遺伝子発現解析をすることができる（松村・寺内，2007）．したがって，ゲノム情報が皆無に等しいような野生植物の遺伝子発現解析にも応用可能である．さらに近年ではハイスループットの次世代型DNA塩基発現解析装置（次世代シークエンサー）が普及するようになったので，SAGE法はより簡便になった（松村・寺内，2007）．今後は，野生植物などの環境ストレス耐性機構解明への応用が大いに期待される．

(5) 機能性スクリーニング

　環境ストレス耐性に関与する遺伝子を見つけるために，機能性スクリーニング（functional screening）が行われる．簡便な方法としては，耐塩性植物から単離した多数の遺伝子を大腸菌やアグロバクテリウムで発現させ，ストレス耐性が強化されたクローンに含まれる遺伝子を同定することにより，ストレス耐性に関与する遺伝子を得ることができる．このような方法でいくつかの耐塩性関連遺伝子がマングローブから単離され，シロイヌナズナなどにこれらの遺伝子を導入すると耐塩性が向上することが明らかになった（Yamada et al., 2002；Ezawa and Tada, 2009）．さらに耐塩性に関与する遺伝子を見つける方法として期待されるのが，FOXハンティング法（Full-length cDNA Over-expressor Gene Hunting System）である（Ichikawa et al., 2006）．この方法では，対象とする植物の完全長cDNA（Full-length cDNA）をシロイヌナズナなどに導入した形質転換体を作製する．形質転換体では導入された遺伝子が高レベルで発現するようにしてあるため，このような形質転換体を大量に作製し，その中からストレス耐性が向上した個体を選抜して導入されている遺伝子を明らかにすれば，ストレス耐性を向上させる遺伝子を同定することができる．すでにイネおよびシロイヌナズナの完全長cDNAを導入

した形質転換シロイヌナズナの種子プールが理化学研究所実験植物開発室から公開されており，研究者は利用することができる．非常に有効な方法であるが，現在解析できるのはイネおよびシロイヌナズナの遺伝子についてのみである．

それ以外の植物種の遺伝子について FOX ハンティングを試みるためには，大量の形質転換体を作製して維持管理する必要があるため，膨大な労力が必要となる．しかし，野生植物の環境ストレス耐性機構に関与する遺伝子を同定するためには非常に有効な方法であると考えられるため，たしかな戦略にもとづいた共同研究などにより，実験材料が整備されることが期待される．また，完全長 cDNA を導入する FOX ハンティング法では 1 つの遺伝子の導入効果しか解析をすることができないため，ゲノム DNA の断片を導入した形質転換体を大量に作製し，環境ストレス耐性に関与する遺伝子群を見出す取り組みも行われており，興味深い結果が得られる可能性がある．

6.3 アルカリ性塩類集積土壌と塩類極耐性植物

(1) アルカリ性塩類集積土壌とは

中国東北部の遼寧省，吉林省および黒竜江省に広がる東北平原の内陸部は，年間降水量が 400–500 mm の乾燥地・半乾燥地で，冬季の気温は非常に低いが，夏季は比較的温暖で日照も十分にあるため，水さえあれば優良な耕地となる．したがって黒竜江，ウスリー川，松花江などの水資源を利用した水田稲作が行われ，中国有数の米生産地域を形成している．またこの地域は，北および東西の周囲が山脈で囲まれているため，山脈に降り積もる降雨や雪解け水に由来する地下水が豊富である．そのため豊富な地下水を利用してダイズ，トウモロコシ，タバコなどの灌漑農業が行われ，重要な穀倉地帯となっている．しかし，ここで行われている灌漑はそれほど精密に制御されていない場合が多く，必要以上の灌漑水が一時期に耕地に与えられる結果，土壌中に形成される毛細管の連結を通じて溶け出した土壌中の塩類が地表面に集積し，塩類集積土壌を形成する．このような塩類集積土壌の面積拡大が，いま非常に大きな環境問題となっている（図 6.2）．

図6.2 中国吉林省大安市のアルカリ性塩類集積土壌．左：ヒツジの放牧が行われている．わずかに生育する野生植物をヒツジが食い尽くす．右：塩類集積が進行し，植物はほとんど生育しない．

　この地域はかつて大草原地帯であったが，急速な耕地化により草原が失われ，さらに塩類集積により耕作が放棄されると，最終的には砂漠化することが危惧されている．さらに，この地域の塩類集積土壌に集積する塩が炭酸ナトリウムや炭酸水素ナトリウムのような炭酸塩を多く含むことに，この地域特有の大きな問題がある．地表に集積する塩が塩化ナトリウムのような中性塩ならば水に溶けてもpHは中性を呈するが，炭酸ナトリウムや炭酸水素ナトリウムはアルカリ性塩であり，水に溶けるとpH 9.5–11.0と非常に高いアルカリ性を呈するのである．したがってこの地域の塩類集積地で，植物は高濃度の塩類による生育障害に加えて，高pH（アルカリ）による障害を受けることになるため，植物に対する悪影響が非常に大きい．このような土壌はアルカリ性土壌と呼ばれ，植物が生育することがきわめて困難な環境である．
　また土壌の物理性も劣悪である．土の硬度が非常に高く，深さ30 cmほどの穴を掘るのにも苦労するほどである．硬度が高いため水の浸透性が悪く，根の伸長も阻害される．
　さらにこの地域の土地環境の劣化に大きな影響を与えているのが過放牧である．塩類集積によって耕作が不可能になった地域では，農民が現金収入を得るための手段としてヒツジ，ヤギ，ウシなどの放牧が行われる（図6.2）．これらの家畜は，塩類集積地でわずかに生えてくる植物を根こそぎ食べてしまうため，過放牧が行われると，そこでは植物の被覆がほとんどなくなってしまう．そして表土の流出などにより土地環境の劣化が急速に進むため，砂漠化の危険性が非常に高い．

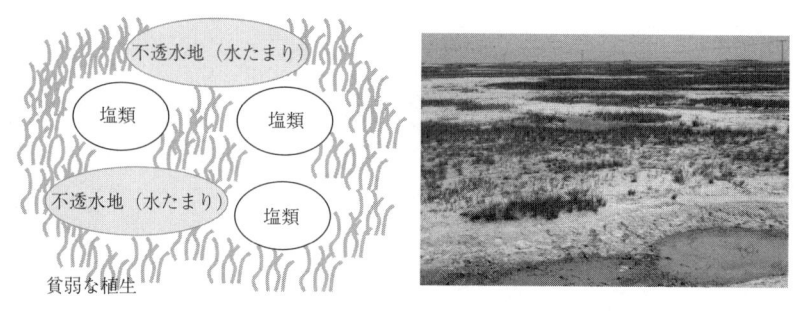

110　第6章　野生植物を利用する

図6.3 アルカリ性土壌の特徴．左：パッチ状の塩類集積部分と水たまりの周囲に貧弱な植生が観察される．右：白く見えるのがパッチ状の塩類集積．手前に見えるのが水たまり．

塩類集積地域では白く見えるほど塩が地表に集積しているが，一面に均一に集積しているわけではない．塩が多く集積している部分は円形や楕円形を呈するパッチのように観察される．水たまりのように見える部分があるのも特徴で，この地域では塩が集積した白い部分と水たまりが，ともにパッチ状に分布し，そのまわりに貧弱な植生が生えるのが典型的な外観である（図6.3）．しかし，過放牧などにより土地の疲弊がさらに進行すると，パッチは認識し難くなり，やがては地表全面が真っ白に見えるような地域も観察される．

(2) 塩類極耐性植物

中国黒竜江省の東北林業大学は，大学があるハルビン市から120 km北西に位置する安達市から，塩類集積地内に200 haの土地を借用し，そこに東北林業大学・アルカリ性土壌生物資源環境研究センター（ASNESC）を開設した．200 haの土地は，外部から放牧民などが侵入して植生を乱すことがないように柵で囲い，実験棟，宿泊棟や温室を建設した．アルカリ性土壌生物資源環境研究センター長の柳参奎教授は，東京大学アジア生物資源環境研究センター（ANESC）と共同で，柵の中に生えている植物，生えてくる植物について同定した（図6.4）．植物の多様性は予想以上に大きく，約300種の植物を同定し，それらについてまとめた図鑑を発行した（柳ら，2006）．

また東北林業大学と東京大学との共同研究グループは，塩類集積地内で，パッチ状の塩類集積がはっきりと識別できる場所にいくつかの観察地域（試験区）を設定し，植生の変化を観察した．試験区では外部からの動物の侵入

図6.4 東北林業大学・アルカリ性土壌生物資源環境研究センター安達試験地で収集された野生植物.

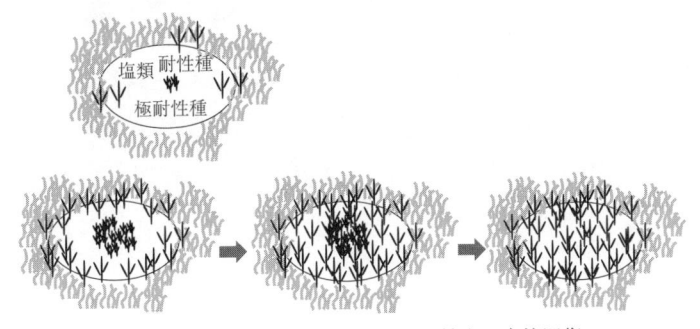

図6.5 アルカリ性塩類集積土壌で見られる，植生の自然回復.

を防ぐ以外何も手を加えず，植生の変化を数年間にわたって観察した．その結果わかったことは，1) 塩類が集積したパッチ内で生えてくる植物は特定の植物種である，2) パッチの周辺で生えてくる植物種も限られた植物種ではあるが，パッチ内部に生えてくる植物よりは種類が多い，3) 年を経るにしたがって，パッチ内で生える植物がより繁茂するようになるとともに，周辺の植物種も徐々にパッチ内部に侵入するようになる，4) 観察後4,5年経

Chloris virgata   *Puccinellia tenuiflora*

図6.6 アルカリ性土壌で観察される極耐性野生植物.

つと，試験区によってはパッチがほとんど識別できなくなり，外部から侵入した植物が優占種となる，ということである（図6.5）．このような植性遷移があることは観察前から予想されたが，予想以上の早さで遷移が進行することに驚かされた．つまりこの地域の塩類集積地域は，家畜や人間が入ってこないように保護をしてやれば，植生を回復する能力が十分にあるのである．

　上記のような試験により，植物の塩類集積土壌耐性の強さについても興味深いことがわかった．塩が蓄積したパッチの中で生えてくるような強い耐性（極耐性）をもつ植物はごく少数の植物種だけであるということである．それらの植物種は，イネ科の多年性植物 *Puccinellia tenuiflora* Scrib. at Merr. （中国名：碱草，日本名：ヌカボガヤ，英名：alkali grass），イネ科の一年生植物の *Chloris virgata* Swartz. （中国名：虎尾草，日本名：オイゲシバ），およびタデ科の *Suaeda* 属植物である（図6.6）．

　また，パッチの外部から年を経るごとに内部に侵入し最終的に優占種となるのは，イネ科の *Phragmites communis* Trin. （ヨシ，英名：reed grass）や *Aneurolepidium chinense* Kitag. （羊草）などである．この近辺は地下水位が高いため広大な湿地も多く観察されるが，湿地は見わたすかぎりのヨシ原である場合が多い．また羊草は牧草としても優れている．ヨシや羊草は，*P. tenuiflora* などと比較すれば塩類集積土壌耐性は劣るが，イネやトウモロコシと比較すれば非常に高い耐性をもつのである．すなわち，この地域の塩類集積パッチでは *P. tenuiflora* などの極耐性植物がパッチ内部で生育を繰り返すうちに，外部から強い耐性をもつヨシや羊草が侵入し，草原となる．その過程で土壌の環境条件が改善され，耐性がそれほど強くない植物も生育で

きるようになると考えられる．

　この過程において起こる土壌環境の改善として第一に考えられるのは，土壌への有機物質の供給である．この地域の土壌は，有機物質含有量が非常に低く，それが土壌の化学性・物理性が劣悪となる要因なので，植物が生育して枯死した残渣が土壌に供給されることにより土壌環境が改善される．さらに，生育する植物の根は土壌に侵入し，その物理性を改善すると考えられる．また，植物が生育し枯死することを繰り返す過程において，地表に集積していた塩類の一部は植物体内に吸収されるなどして，土壌内に拡散すると考えられる．地表の塩類のほとんどはもともと土壌中に存在したのであり，それが集積してしまったために植物にとって不良な環境を作り出してしまった．したがって，ある程度土壌中に拡散してしまえば，植物への悪影響は緩和されるのである．

(3) アルカリ性塩類集積土壌における植生回復試験

　上に記述したように，アルカリ性塩類集積土壌を保護すれば植生は自然に回復するが，人の手を加えることで，より効率よく植生回復ができるのではないかと考え，植生回復試験を行った．当初，野生植物の種子をパッチ状の

図6.7　団子法によるアルカリ性塩類集積土壌の植生回復．左上：団子を播いてから1カ月後，右上：約3カ月後，左下：約1年後，右下：約3年後．

塩類集積地域に播いてみたが，それでは発芽率が低く，発芽したとしても活着率が非常に低かった．

そこで，砂漠の緑化で行われる粘土団子法を試みた（福岡，2010）．現地の土に野生植物の種子と枯れたトウモロコシ残渣を細かく砕いたものを混ぜて直径3cmほどの団子を作り，それをパッチ状の塩類集積土壌に播いた．団子は水分を含んでいるため，野生植物の種子は効率よく発芽し，マリモのような状態になり，やがて活着した．野生植物としては，P. tenuiflora を用いたが，旺盛に生育し，植物が枯れる秋には株を形成した．P. tenuiflora は多年生植物なので，翌年春はその株から芽が出て，秋までにはより大きな株となった．このようにして，団子を播いてから数年後には，パッチ状の塩類集積が確認できなくなり，粘土団子法による植生回復の効果がたしかに確認できた（Liu ら，未発表；図6.7）．東北林業大学の柳参奎教授の研究グループは，団子を作製する機械などを開発して，粘土団子法によるアルカリ性塩類集積土壌の植生回復を大規模なプロジェクトとして開始している．

6.4　塩類極耐性植物の耐性機構

アルカリ性塩類集積土壌には炭酸塩が多く含まれ，植物の生育を阻害する．たとえば40 mM の炭酸水素ナトリウム水溶液で水耕栽培するとイネは枯死する．先に述べた P. tenuiflora は多年生のイネ科植物であり，アルカリ性塩類集積土壌に極耐性を示す．P. tenuiflora は300 mM の高濃度下でもほとんど生育阻害が見られず，1000 mM でも生存可能である．

炭酸塩だけではなく塩化ナトリウムのような中性塩を用いた場合でも高度の耐塩性を示すので，P. tenuiflora の驚異的な耐性の機構を明らかにするための研究が行われている．まず最初に，P. tenuiflora の特性として，植物体内のカリウムイオン（K^+）を維持する能力が，通常の栽培条件下でも高濃度の塩化ナトリウムや塩化カリウム存在下でも高いことが明らかになった．その結果として高濃度の塩存在下でも P. tenuiflora は K^+/Na^+ 比を高く保つことができる．K^+/Na^+ 比は植物の耐塩性の指標として用いられる．カリウムは植物にとって必須の栄養素であり，またナトリウムは，塩害をもたらす元素であることが知られている．耐塩性の弱い植物では塩存在下で有害なナト

リウムイオン（Na^+）が体内に多く流入してK^+/Na^+比が減少し，生育が阻害される．*P. tenuiflora* が K^+ を吸収する能力が高い理由としては，Na^+ の流入を制限して K^+ の吸収を促進する仕組みがあるのではないかと考えられた（Peng *et al.*, 2004）．

また，*P. tenuiflora* の細胞膜にあるトランスポーターやチャンネルなどの膜タンパク質が Na^+ の流入を制限していることも推測された（Wang *et al.*, 2009）．カリウムトランスポーターと呼ばれる膜タンパク質は K^+ の細胞内外への輸送を行うが，同時に Na^+ の流入経路でもあることが知られている．HKT タイプのカリウムトランスポーターの遺伝子（*PutHKT2;1*）が *P. tenuiflora* から単離された．この遺伝子を酵母とシロイヌナズナに導入して解析したところ，*PutHKT2;1* には低濃度 K^+ の条件下や高濃度の Na^+ 条件下で K^+ を吸収する能力があり，同時に Na^+ を輸送する能力もあることから，K^+/Na^+ 共輸送体として機能することがわかった（Ardie *et al.*, 2009）．

HKT タイプのカリウムトランスポーターの遺伝子は，耐塩性の異なるヨシ系統からも単離された．塩類集積土壌で採集された耐塩性の強いヨシから単離された遺伝子は *PutHKT2;1* と同じ特性を示したが，日本で採集された耐塩性の劣るヨシから単離された遺伝子を導入した酵母では，低濃度 K^+ 条件下で K^+ の吸収ができず，また高濃度 Na^+ 存在下で K^+ の吸収が阻害されたことから，K^+/Na^+ 共輸送体ではなく，Na^+ 輸送体として働くことがわかった（Takahashi *et al.*, 2007）．

イネの耐塩性品種である Pokkali には 2 種類の *HKT* 遺伝子（*OsHKT1*，*OsHKT2*）があり，*OsHKT1* は Na^+ 輸送体として *OsHKT2* は K^+/Na^+ 共輸送体として機能する．品種日本晴のゲノムにも複数の *HKT* 遺伝子があることが示されているが，K^+/Na^+ 共輸送体として機能する Pokkali の *OsHKT2* に相当するものは存在しない（Horie *et al.*, 2001）．これらの結果から，K^+/Na^+ 共輸送体として機能する *HKT* 遺伝子をもつことが，耐塩性植物の特性の 1 つであると考えられる．

一方，*P. tenuiflora* の耐性機構には，有害なナトリウムの細胞外への排出や液胞への隔離が関与しているのではないかと考えられ，細胞膜型および液胞膜型の Na^+/H^+ アンチポーター遺伝子がクローニングされ，解析された．細胞膜型 Na^+/H^+ アンチポーター遺伝子（*PtNHA1*）および液胞膜型 Na^+/H^+

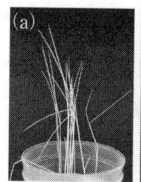

図6.8 *Puccinellia tenuiflora* の遺伝子を導入したイネにおける耐塩性の向上．150 mM NaCl でイネを水耕栽培した．a：野生型イネ（品種：日本晴），b：*PtNHA1* を導入した形質転換イネ，c：*PutNHX1* を導入した形質転換イネ．

アンチポーター遺伝子（*PutNHX1*）をイネに導入するとイネの耐塩性は向上したが（図6.8），シロイヌナズナの遺伝子を高発現させた場合と同程度の耐性向上であったため，*P. tenuiflora* とシロイヌナズナとの間でそれぞれのアンチポーターの機能には今のところ違いは見られない（Kobayashi *et al.*, 2012）．

P. tenuiflora の耐性に関与する遺伝子を単離するために，網羅的な解析も行われている（Wang *et al.*, 2007a, 2007b）．EST解析やマイクロアレイ解析の結果，炭酸塩ストレスに応答して遺伝子発現が変化する遺伝子の存在が明らかになってきているが，*P. tenuiflora* のストレス極耐性へのそれらの遺伝子の関与については不明である．今後は先に記述したように，FOXハンティング法のような，*P. tenuiflora* 遺伝子の機能性スクリーニングや，耐性機構に関するより詳細な植物生理学的を行うことが重要である．また，これまでは主に中性塩である塩化ナトリウムに対する耐性機構に着目して研究が行われてきており，炭酸塩やアルカリ条件への耐性機構に関する研究は少ない．この点についても研究が進展することにより *P. tenuiflora* の耐性機構が解明されることが望まれる．

引用文献

Apse, M. P. 1999. Salt tolerance conferred by overexpression of a vacuolar Na^+/H^+ antiport in *Arabidopsis*. Science, 285：1256-1258.

Ardie, S. W., L. Xie, R. Takahashi, S. Liu and T. Takano. 2009. Cloning of a high-affinity K$^+$ transporter gene *PutHKT2;1* from *Puccinellia tenuiflora* and its functional comparison with *OsHKT2;1* from rice in yeast and *Arabidopsis*. Journal of Experimental Botany, 60：3491-3502.

地球温暖化白書．2007．http://www.glwwp.com/sitemap.html

Ezawa, S. and Y. Tada. 2009. Identification of salt tolerance genes from the mangrove plant *Bruguiera gymnorhiza* using *Agrobacterium* functional screening. Plant Science, 176：272-278.

福岡正信．2010．わら一本の革命 総括編──粘土団子の旅．春秋社，東京．

Horie, T., K. Yoshida, H. Nakayama, K. Yamada, S. Oiki and A. Shinmyo. 2001. Two types of HKT transporters with different properties of Na and K transport in *Oryza sativa*. The Plant Journal, 27：115-128.

Ichikawa, T., M. Nakazawa, M. Kawashima, H. Iizumi, H. Kuroda, Y. Kondou, Y. Tsuhara, K. Suzuki, A. Ishikawa, M. Seki, M. Fujita, R. Motohashi, N. Nagata, T. Takagi, K. Shinozaki and M. Matsui. 2006. The FOX hunting system：an alternative gain-of-function gene hunting technique. The Plant Journal, 48：974-985.

板井玲子・西澤直子．2007．植物の鉄欠乏ストレス応答．蛋白質 核酸 酵素，52：606-611.

Kobayashi, S., N. Abe, K. T. Yoshida, S. Liu and T. Takano. 2012. Molecular cloning and characterization of plasma membrane and vacuolar-type Na$^+$/H$^+$ antiporters of an alkaline-salt-tolerant monocot, *Puccinellia tenuiflora*. Journal of Plant Research, 125：587-594.

Matsumura, H., S. Reich, A. Ito, H. Saitoh, S. Kamoun, P. Winter, G. Kahl, M. Reuter, D. H. Krüger and R. Terauchi. 2003. Gene expression analysis of plant host-pathogen interactions by SuperSAGE. Proceedings of National Academy of Sciences of United States of America, 100：15718-15723.

松村英生・寺内良平．2007．SAGE 法による耐病性遺伝子発現解析．蛋白質 核酸 酵素，52：660-666.

松尾孝嶺編．1990．稲学大成第3巻 遺伝編．農山漁村文化協会，東京．

Peng, Y.-H., Y.-F. Zhu, Y.-Q. Mao, S.-M. Wang, W.-A. Su and Z.-C. Tang. 2004. Alkali grass resists salt stress through high [K$^+$] and an endodermis barrier to Na$^+$. Journal of Experimental Botany, 55：939-949.

Quintero, F. J., M. Ohta, H. Shi, J. K. Zhu and J. M. Pardo. 2002. Reconstitution in yeast of the *Arabidopsis* SOS signaling pathway for Na$^+$ homeostasis. Proceeding of the National Academy of Science of the United States of America, 99：9061-9066.

柳蔘奎・張欣欣・金洙哲・高野哲夫．2006．中国東北塩碱地原色植物図鑑．東北林業大学出版社，ハルビン．

定方正毅．2000．中国で環境問題にとりくむ．岩波書店，東京．

佐久間洋・篠崎和子. 2007. 水分・温度ストレスに応答した転写制御ネットワーク. 蛋白質 核酸 酵素, 52 : 543-549.
Shi, H., B-ha. Lee, S.-J. Wu and J.-K. Zhu. 2003. Overexpression of a plasma membrane Na$^+$/H$^+$ antiporter gene improves salt tolerance in *Arabidopsis thaliana*. Nature Biotechnology, 21 : 81-85.
Suzuki, M., K. C. Morikawa, H. Nakanishi, M. Takahashi, M. Saigusa, S. Mori and N. K. Nishizawa. 2008. Transgenic rice lines that include barley genes have increased tolerance to low iron availability in a calcareous paddy soil. Soil Science and Plant Nutrition, 54 : 77-85.
Takahashi, R., S. Liu and T. Takano. 2007. Cloning and functional comparison of a high-affinity K$^+$ transporter gene *PhaHKT1* of salt-tolerant and salt-sensitive reed plants. Journal of Experimental Botany, 58 (15-16) : 4387-4395.
田中義人・高倍鉄子・高倍昭洋. 2007. 耐塩性と適合溶質およびイオン輸送体. 蛋白質 核酸 酵素, 52 : 565-570.
Wang, C.-M., J.-L. Zhang, X.-S. Liu, Z. Li, G.-Q. Wu, G.-Q. Cai, T. J. Flowers and S.-M. Wang. 2009. *Puccinellia tenuiflora* maintains a low Na$^+$ level under salinity by limiting unidirectional Na$^+$ influx resulting in a high selectivity for K$^+$ over Na$^+$. Plant Cell and Environment, 32 : 486-496.
Wang, Y., Y. Chu, G. Liu, M.-H. Wang, J. Jiang, Y. Hou, G. Qu and C. Yang. 2007a. Identification of expressed sequence tags in an alkali grass (*Puccinellia tenuiflora*) cDNA library. Journal of Plant Physiology, 164 : 78-89.
Wang, Y., C. Yang, G. Liu and J. Jiang. 2007b. Development of a cDNA microarray to identify gene expression of *Puccinellia tenuiflora* under saline-alkali stress. Plant Physiology and Biochemistry, 45 : 567-576.
藪田行哲・小川貴央・吉村和也・重岡成. 2007. 植物のレドックス制御機構と環境ストレス応答への関与. 蛋白質 核酸 酵素, 52 : 578-584.
Yamada, A., T. Saitoh, T. Mimura and Y. Ozeki. 2002. Expression of mangrove allene oxide cyclase enhances salt tolerance in *Escherichia coli*, yeast, and tobacco cells. Plant and Cell Physiology, 43 : 903-910.
Yamaguchi-Shinozaki, K., M. Koizumi, S. Urao and K. Shinozaki. 1992. Molecular cloning and characterization of 9 cDNAs for genes that are responsive to desiccation in *Arabidopsis thaliana* : sequence analysis of one cDNA clone that encodes a putative transmembrane channel protein. Plant and Cell Physiology, 33 : 217-224.
Zhu, J. K. 2003. Regulation of ion homeostasis under salt stress. Current Opinion in Plant Biology, 6 : 441-445.

第7章　　　　　　　　　　　　　　　　　　　　奈良一秀
地下から森林を見つめ直す
――菌根菌の底力

7.1 樹木と菌類の共生

(1) 地中世界の主役

　森林といえば地上何十mにも達する樹木がうっそうとする姿を思い浮かべる人が多いであろう．その高く生い茂った樹木が光合成によって生産する有機物は，森林に生息するあらゆる生物の直接的・間接的エネルギー源となる．樹木の光合成に必要な光と二酸化炭素は樹木の地上部で獲得することができる．しかし，光合成を行うためには，それ以外にも水と養分が必要不可欠で，それらを土壌から吸収しなければならない．とくに，リンや窒素などの大半は，地表からわずか数cmから数十cmの表層土壌から吸収されている．地上70mにも達する熱帯林がわずか数cmの薄い土壌の上に成立していると考えると，森林の地下部にも目を向けたくならないであろうか．

　表層土壌は，生態系から排出されるあらゆる有機物（生物遺体や排泄物など）が分解され，そこに含まれていた養分が再利用される重要な場所である．こうした分解・再利用が行われなければ，不要となった有機物があっという間に堆積し，樹木に必要な養分はすぐに枯渇してしまうであろう．土壌に有機物の分解と再利用を行うことができる微生物がいてはじめて，森林生態系は成立するのである．事実，森林の薄い表層土壌には驚くべき数の微生物が生息し，その多様性は森林の地上部に生息する全生物の多様性をはるかに凌駕する．ただ，土の中に隠れた微生物を直接観察することはできないため，その多様性や種組成は最近まで詳しくわかっていなかった．

　近年，目に見えない微生物を検出できるDNA解析技術が普及するにつれ，

森林の表層土壌ではさまざまな「菌類」が優占していることが明らかになってきた（Horton and Bruns, 2001）。菌類は，植物や動物と同じく真核多細胞生物であり，バクテリアなどの原核単細胞生物とはまったく異なる生物である。ただ，キノコのように目に見える構造を別にすれば，菌類の体を肉眼で観察するのは難しく，一般的には微生物として扱われる。菌類は自ら光合成を行わない従属栄養生物であり，その生活様式は大きく2つに分けることができる。落葉落枝やほかの生物遺体を分解する「腐生」と，ほかの生きた生物（宿主）から直接栄養を獲得する「寄生」である。寄生にはいろいろな関係が含まれるが，宿主と寄生者の双方に利益があるような関係は，とくに「相利共生」や「共生」として区別されることが多い。森林の表層土壌では，一番上のリター層には腐生菌が多いが，その下の分解が進んだ腐植や有機質土壌では，「菌根菌」という樹木の根に共生する菌類が優占する（Lindahl *et al.*, 2006）。

(2) さまざまな菌根菌

植物の末端根に「菌類」が「共生」してできる構造を「菌根」という。共生する菌根菌や植物の種類によっていくつかの異なる菌根タイプが存在する（図7.1）。もっとも多くの植物に見られる菌根は，「アーバスキュラー菌根」（VA菌根ともいう）であり，陸上植物の8割から9割はこのタイプの菌根を形成する（Smith and Read, 2008）。根の中に侵入した菌糸が，皮層細胞中に樹枝状体（arbuscule）という菌糸構造を作ることから，こうした呼び名が用いられる。アーバスキュラー菌根菌はこれまで200種程度が記載されており，いずれもグロムス菌門（Glomeromycota）に属する（Redecker and Raab, 2006）。菌糸に隔壁（細胞を仕切る壁）がなく進化的にも古い起源をもつ菌類で，キノコは作らず土壌中の菌糸の先端などに大型の球形胞子（数十-500 μm）を単生するものが多い。植物が陸上に進出した約4億5000万年前にアーバスキュラー菌根が存在していたことが化石や分子時計（DNAの塩基配列の違いから生物間の分岐年代を推定する手法）による研究から明らかにされている（Simon *et al.*, 1993）。水中から陸上への進出は植物進化上の大きなイベントであるが，その激的な環境変化に適応するうえでアーバスキュラー菌根菌との共生は重要な役割を果たしたと考えられている。現在でも陸

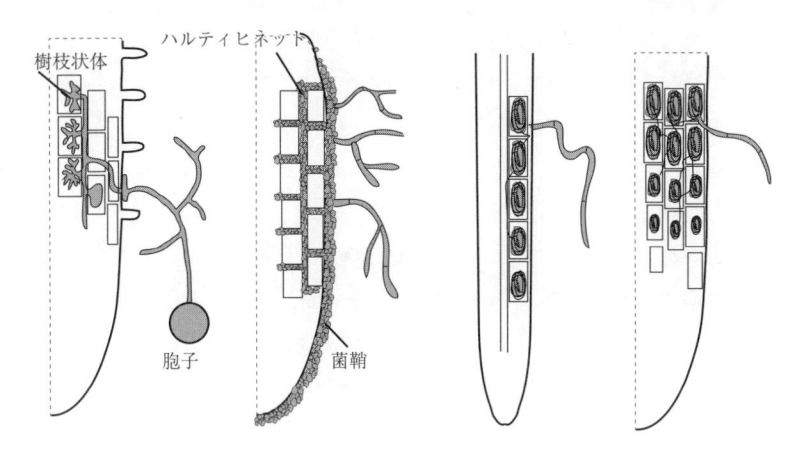

(a) アーバスキュラー菌根　(b) 外生菌根　(c) エリコイド菌根　(d) ラン菌根

図7.1　主要な菌根の形態．図中のグレーの色がついた部分が菌根菌の組織．

上のほとんどの場所に分布しており，とくに草原や農地などで優占する菌根菌である．森林でも，スギやヒノキ，チークなど多くの樹木や林床植物がアーバスキュラー菌根菌と共生する．

　これに対し，ブナ科やマツ科などの自然林で優占する樹木は「外生菌根菌」と共生する（図7.1b）．ブナ科やマツ科以外にも，温帯ではカバノキ科やヤナギ科，熱帯ではフトモモ科，フタバガキ科，ジャケツイバラ亜科などの樹木が外生菌根を形成する（Smith and Read, 2008）．いずれも細根の表面が菌糸組織によってすっぽりと覆われる菌根の構造をしている（「外生」と呼ばれるゆえん）．外生菌根菌の大部分は担子菌で，その多くはいわゆるキノコをつくる．このため，アーバスキュラー菌根性のスギやヒノキの林に比べて，自然林では数多くのキノコが発生する．よく知られているマツタケやトリュフもそうした外生菌根菌である．外生菌根菌の種数は多く，その数は世界で少なくとも7000–10000種と推定されている（Taylor and Alexander, 2005）．また，外生菌根菌は少なくとも50を超える菌類のグループに属することから，腐葉土などを分解する腐生菌から外生菌根菌への進化が独立して何度も起こったことが示唆されている（Tedersoo *et al.*, 2010）．これに対し，いったん外生菌根菌として進化した系統群から腐生菌へ逆戻りする事例は確認されていない．生態系の中で菌類は成長に必要となる有機物をめぐって激

しく競争している．樹木と共生して光合成産物を直接受け取ることができることが生存に有利に働くため，森林生態系の中では腐生菌から菌根菌への進化的圧力が働いているのであろう．

　草本植物の中には，アブラナ科やアカザ科など，菌根菌に依存しないように進化した植物もいる（Brundrett, 2009）．一方，木本植物はすべて何らかの菌根菌と共生している（Wang and Qiu, 2006）．上述したアーバスキュラー菌根と外生菌根を形成する樹木がもっとも多いが，ツツジ科植物にはエリコイド菌根（図 7.1c）という，また別の菌根タイプが見られる（Smith and Read, 2008）．細い糸のようなツツジ科植物の細根の細胞内には子嚢菌がびっしりと共生しているが，その子嚢菌は強力な有機物分解能力をもっている．厚く腐植が堆積する寒冷地や高山帯では，一般の植物が養分を獲得することは難しいが，共生する菌根菌の優れた有機物分解能力によってツツジ科植物はそうした地域でも生育し優占種となることが多い．

　以下，本章では森林を特徴づける菌根タイプである外生菌根共生を中心に，その多様性や機能，生態系の保全や再生における利用可能性などについて述べる．

(3)　外生菌根共生

　樹木と外生菌根菌の共生系では，樹木の光合成産物の 15-20% が外生菌根菌に供給される（第 7 章コラム参照）．森林生態系における植食動物全体の消費量は光合成産物の 1% にも満たないことから，物質循環において外生菌根菌がいかに大きな存在であるかがおわかりいただけるだろう．一方，樹木には外生菌根菌に大きな投資をするだけの理由がある．森林の成長や生産性は利用できる窒素やリンなどの養分量で制限されていることが多く，樹木にとって土壌養分をめぐる競争は地上部の光をめぐる競争と同様に激しい．外生菌根菌は土壌中に張りめぐらした無数の菌糸で効率的に養水分を吸収できるため，樹木は菌根菌と共生し，そこから養水分を受け取ることで恩恵にあずかれるのである．つまり，樹木と外生菌根菌は，互いに不足する物質を融通し合う，密接な相利共生関係にある（図 7.2）．

　樹木は養分吸収の大部分を外生菌根菌に依存している．このため，共生できる外生菌根菌が存在しない環境では養分欠乏によりほとんど成長しない．

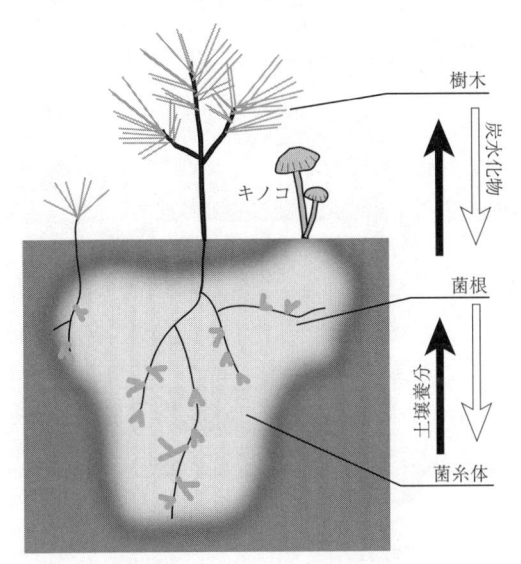

図7.2 外生菌根共生の模式図.樹木は外生菌根菌に光合成産物をわたすかわりに,土壌養水分を外生菌根菌から受け取っている.養分の受け渡しは外生菌根の中のハルティヒネット（図7.1b参照）で行われる.

図7.3は外生菌根菌のいない条件で育てたアカマツ実生と,外生菌根菌を接種した実生の成長を比較したものである.比較的肥沃な苗畑の自然土壌（滅菌済）を使ったにもかかわらず,外生菌根菌を接種しなかった対照区の実生は,発芽直後からほとんど成長していない.一方,外生菌根菌と共生した実生はいずれも成長が促進されている.菌種によってその効果は大きく異なるが,もっとも効果のあった菌種では接種から半年後の実生の乾重量が8倍,光合成量が32倍にも達した.アカマツの例と同様に,ほとんどの樹木は自分の根だけでは十分な養分を吸収できないため成長できない.

ではどうして外生菌根菌と共生することで養分吸収能力が高まるのであろうか？ 森林土壌中のリンや窒素などの養分は,植物だけでは利用できない複雑な有機化合物や無機化合物の形で存在している割合が高い.土壌微生物の作用で無機化,溶出されたとしても,粘土鉱物などに吸着されて土壌中での動きは少ない.その結果,植物が自分の根だけで吸収できる養分は根に密

図7.3 アカマツ実生への外生菌根菌接種実験.接種から6カ月後の様子.何も菌根菌を接種しなかった対照区では,発芽後ほとんど成長していないが,菌根菌を接種した実生の成長は明らかに促進されている.菌種による成長促進効果の差も大きい.

接するわずかな量に過ぎない.一方,根や根毛に比べて,外生菌根菌の菌糸は細くて(直径数μm)長いため(ときに1mを超える),土壌中のより狭い空間やより遠くの空間にアクセスできる.外生菌根からは菌糸が無数に伸びているため,吸収面積も飛躍的に増大する.さらに,外生菌根菌の菌糸はさまざまな酵素や有機酸を分泌して複雑な有機化合物や無機化合物を分解する能力や,アミノ酸などの有機物を直接吸収する能力も高い(Smith and Read, 2008).このように,根や根毛よりもはるかに優れた養分吸収器官である菌糸を利用するため,樹木は外生菌根菌と共生するように進化してきたのである.別のいい方をすれば,外生菌根菌と共生するようになった樹木が森林で優占できるようになったともいえる.

アーバスキュラー菌根菌も，吸収面積やアクセスできる土壌空間が広がるのは外生菌根菌と同様である．宿主植物の成長促進効果も，外生菌根菌と同様に認められる．ではどうして草原ではアーバスキュラー菌根菌，森林では外生菌根菌が優占するのであろうか？　外生菌根菌はアーバスキュラー菌根菌に比べて有機物の分解能力や有機化合物の吸収能力に優れる（Smith and Read, 2008）．リグニンなどの難分解性木質有機物が排出される森林では，土壌中の養分の大部分がより複雑な有機化合物の形で存在する．そうした環境では有機物の分解と吸収に優れる外生菌根菌のほうが有利になるものと考えられる．事実，熱帯から冷温帯まで，森林の極相種となる樹木の多くは外生菌根菌に依存する樹木である．

7.2　生態系における外生菌根菌の役割

(1)　樹木実生の定着を決定する外生菌根菌

　外生菌根菌が樹木の成長に不可欠な存在であるのは，実験室も野外も同じである．ただ，すでに発達した森林では外生菌根菌が土壌中に普遍的に分布しているため，通常は外生菌根菌の不足が問題になることはない．私たち人間にとっての空気のように，樹木にとって外生菌根菌は欠かせないが，あって当然なものなのである．しかし，大きな攪乱によって森林が破壊されてしまうと，樹木に共生している外生菌根菌も大部分は死滅してしまい，樹木の定着や生存もままならなくなる．

　攪乱地のモデルケースとして，富士山火山荒原の例を見てみよう（第8章参照）．富士山の東斜面は1707年の宝永山の噴火によって厚くスコリア（軽石の砂利のようなもの）が堆積し，すべての植生が破壊された．もちろん，菌根菌の感染源となる菌糸や胞子もすべて死滅し，菌根菌の空白地帯である広大な裸地が生まれた．こうした裸地に植物が定着するのは難しく，御殿場口五合目付近では，噴火後300年以上経った今でも地表の90％以上が裸地のままである．植物はところどころにまとまって定着していて，火山荒原という広大な海に大小さまざまな植生の「島」がまばらに浮かんだような状態が観察できる（図7.4）．

図7.4 富士山火山荒原に点在する植生の島.最初に定着する外生菌根性の木本植物はミヤマヤナギ(a)で,約4分の1の島に定着している.その後に侵入してくるダケカンバ(b)やカラマツ(c)の定着はまだ少ないが,いずれもヤナギの側で外生菌根菌ネットワークが利用できる場所に限られる(奈良,2008より改変).

　この火山荒原に最初に侵入する木本植物はミヤマヤナギ(以下,ヤナギ)という地を這うような矮性ヤナギで,一部の植生の島にアーバスキュラー菌根性(イネ科やキク科)や非菌根性(タデ科やカヤツリグサ科)の草本植物と混在する形で定着している.ヤナギは外生菌根菌と共生する樹木であり,定着し生存するためには外生菌根菌との共生が欠かせない.事実,すでに定着したヤナギは例外なくキノコ類と外生菌根共生している.外生菌根菌のない島に最初に定着するヤナギがどのように外生菌根菌を獲得したのかをさかのぼって観察することはできないが,発芽した実生に遠くから風によって運ばれてきた胞子が偶然に感染したのであろう.ただ,このような偶然はまれにしか起こらないことは,ヤナギが定着した植生の島が少ない(300年間で1haあたり約6回定着)ことからも明らかである.実験的に外生菌根菌のない島にヤナギの実生を植栽しても,その大部分は半年後も外生菌根菌に感染しておらず,成長も著しく悪い(図7.5).
　しかし,いったんヤナギが外生菌根菌に感染して定着すると,その近辺の

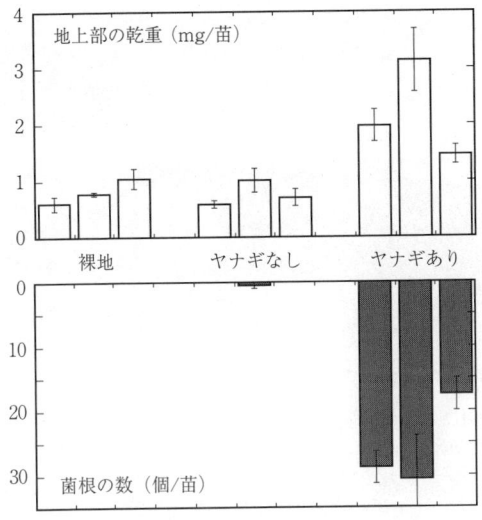

図 7.5　富士山火山荒原に植栽したミヤマヤナギ実生の成長と菌根形成．裸地やミヤマヤナギが定着していない（菌根菌ネットワークが利用できない）植生の島の実生は，外生菌根を形成できず，成長も悪い．ヤナギの定着した植生の島では，土壌中の菌根菌ネットワークによって容易に菌根菌に感染でき，成長も促進される（奈良，2008 より改変）．

　土壌中には外生菌根菌の菌糸が蔓延する．こうした場所では，新しく発芽したヤナギの実生はすぐに外生菌根菌に感染し，ヤナギの成木と実生が土壌中の「菌糸（菌根菌）ネットワーク」で繋がったような状態ができる（図 7.6）．こうなると，すでに大きく広がった菌根菌の菌糸体から十分な養水分の供給を受けることができるため，成長も促進される（Nara, 2006a）．このような菌根菌ネットワークを利用できる場所は，この火山荒原では地表のわずか 1% に過ぎない．しかし，自然に定着したヤナギの実生は，このわずか 1% の場所に集中していて，それ以外の場所で見かけることはない．土壌条件などのほかの要因をすべて取り除いた野外実験でも，菌根菌ネットワークの効果は明らかであることから，この場所のヤナギの定着を決定している最大の要因は菌根菌ネットワークであることがわかった（奈良，2008）．
　こうした菌根菌の働きは，ヤナギ実生に限られたものではない．富士山火山荒原でヤナギの後に侵入してくるカラマツやダケカンバはともに外生菌根

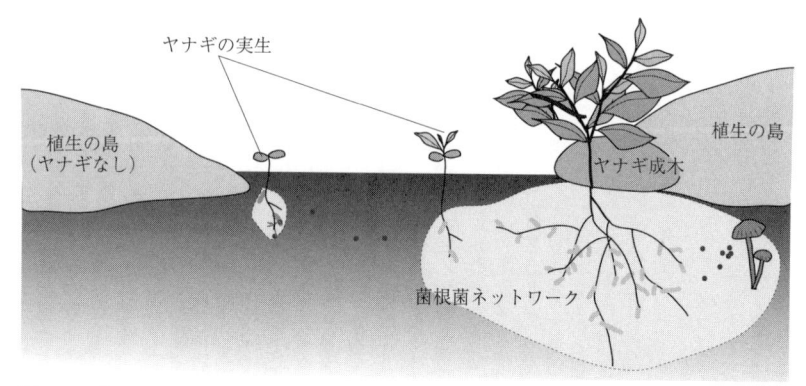

図7.6 富士山火山荒原の菌根菌ネットワークの模式図．すでに定着したミヤマヤナギの周囲では土壌中に菌根菌ネットワークが発達する．そこで発芽した実生は，すでに大きく広がった菌糸体を利用できるため，豊富な養分の供給を受けることができる．一方，それ以外の場所では，菌根菌への感染も難しい．仮に，風で運ばれてきた胞子によって感染したとしても，小さなヤナギが単独で供給できる光合成産物は少なく，地下部の菌糸体も十分発達しない．この場所の土壌養分はきわめて少ないため，小さな菌糸体では十分な養分の供給は望めない．

性の樹木である．ヤナギの定着と同様に，両樹種ともすでにヤナギが定着し菌根菌ネットワークが利用できる場所ではたくさんの個体が定着している．定着した両樹種の外生菌根菌を調べてもヤナギに見られる菌種と同一の場合がほとんどである．一方，火山荒原の99%を占める外生菌根菌ネットワークが利用できない場所（裸地とヤナギが定着していない植生の島）では，1本もこうした樹木の定着が見られなかった（Nara, 2006b）．カラマツとダケカンバは初期の森林を形成する重要な樹種であり，その定着は森林形成へと向かう植生遷移の重要なステップである．地中の見えないところで外生菌根菌の菌糸ネットワークが実生の定着と植生遷移に欠かせない働きをしているのである．

(2) 多様な菌根菌ネットワーク

1本の樹木には多種多様な菌根菌が共生し，それぞれが周辺の樹木とも菌根を形成しており，森林では複雑な菌根菌ネットワークができあがっている．こうした多様な菌根菌ネットワークは林床に生息する希少な植物にとっても欠かせないものとなっている．ツツジ科のギンリョウソウやラン科のムヨウ

ランなど，多くの無葉緑植物（光合成をしない植物）は樹木と共生する特定の外生菌根菌のネットワークに接続し，そこからすべての栄養を得ることで生きている（Bidartondo, 2005）．キンランやイチヤクソウなどは，自ら光合成を行うものの，菌根菌のネットワークを介して，周辺樹木の光合成産物も利用していることが知られている（Selosse and Roy, 2009）．

(3) 埋土胞子に依存した樹木の更新

　ネットワーク以外にも，生態系における菌根菌の重要な働きが，北米の森林火災地域で明らかにされている．激しい火災では，菌根や菌糸は全滅してしまうが，ショウロ属の胞子は耐熱性をもっていて土壌中で生き残る．これが，火災後に最初に定着するビショップマツへの感染源となり，その定着を促進しているのである（Peay et al., 2009）．しかも，ショウロ属の胞子の寿命は長く（多くの菌根菌の胞子は短期間で活性を失う），少なくとも何十年も土壌中で感染能力を保つことも知られている（Bruns et al., 2009）．つまり，植物の埋土種子と同様に，菌根菌にも埋土胞子を形成して火災後にいち早く菌根共生を確立するという重要な種が存在しているのである．ショウロ属はマツ属とトガサワラ属に特異的に感染する菌根菌のグループである．北米では，火災以外の攪乱地（皆伐など）でも，これらの樹木が定着する際にショウロ属の埋土胞子が重要な働きをしていることがわかっている．日本でもマツ属は攪乱地にいち早く侵入する樹木であるが，ショウロ属の埋土胞子がそこに大きな役割を果たしている可能性は高い．

　植物の定着に決定的な役割を果たしている菌根菌ネットワークにしても，埋土胞子にしても，その詳細が明らかになったのはごく最近である（van der Heijden and Horton, 2009）．今後も，まだ知られていない外生菌根菌の生態的役割が明らかになっていくであろう．

7.3　外生菌根菌群集

(1) 菌根菌の遷移

　植物の群集と同様に，森林の中では数多くの外生菌根菌から構成される群

集が形成されている．植生遷移と同様に，外生菌根菌の群集も時間とともに発達し，多様化する（Nara, 2008）．富士山火山荒原の例では，外生菌根菌のなかった環境に最初に定着する外生菌根菌群集は，キツネタケ属やアセタケ属の一部の菌のみで構成されており，その構造は単純なものである．こうした菌種の胞子は，宿主の根の存在下できわめて高い発芽率を示すほか，感染後短期間のうちにキノコを大量に生産して胞子散布を行うなど，先駆種として適した生態的特性をもっている（Ishida *et al.*, 2008）．ヤナギの成長や植生の発達とともに，新しい環境に適した多様な外生菌根菌が定着し，菌根菌群集は多様化・複雑化していく．

(2) 菌根菌の多様性

通常，発達した森林には1haに数十から数百種の外生菌根菌が生息している．とくに，採取したサンプル中に一度しか出現しないような，出現頻度の低い菌種の数がもっとも多い．日本の冷温帯林の樹木の種数は最大でも30種程度，暖温帯でも多くて50種程度である（haあたり）．そのうち，外生菌根菌の宿主となる樹木は優占するものの，種数で見れば10種にも満たないのが一般的である．こうした地上部の樹木に比べて，外生菌根菌の種の豊かさ（species richness）は圧倒的に高いといえる．ただ，東南アジアの1haに300種もの樹木が生息する森林で調べてみると100種に満たない外生菌根菌しか見つからない（それでも宿主樹木となるフタバガキ科とブナ科の合計種数よりはるかに多いが）．動物や植物は熱帯域に多様性の中心があり，高緯度に向かって減少するという一般的な法則がよく知られているが，外生菌根菌の多様性はその一般法則から外れているようである（Tedersoo and Nara, 2010）．

(3) 菌根菌の生物地理

発達した森林の外生菌根菌を見ると，ベニタケ科 Russulaceae やイボタケ科 Thelephoraceae に属する菌種が数多く出現する．これは熱帯から冷温帯まで，針葉樹から広葉樹まで共通するパターンのようである．フウセンタケ属は，有機質土壌の発達する冷温帯林では数多く出現するが，熱帯林でもある程度の種が出現する．テングタケ科やイグチ目も，地域や森林を問わず，

7.3 外生菌根菌群集 131

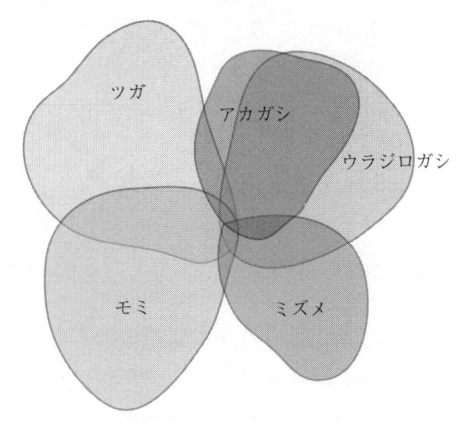

図7.7 針葉樹・広葉樹混交林の樹種ごとの菌根菌群集．各樹種の菌根菌群集を二次元に展開した模式図．針葉樹と広葉樹では共生する外生菌根菌の種組成は大きく異なる．近い系統の樹種ほど，よく似た菌根菌群集をもつことが多い．

外生菌根菌群集に含まれることが多い．このように，北半球から南半球まで，地域を問わず外生菌根菌の群集には共通の属や科が出現する．これは，外生菌根菌の宿主となる樹木が世界の地域によって大きく異なるのと対照的である（たとえばオーストラリアではユーカリ属，東南アジアではフタバガキ科，温帯ではブナ科，冷温帯ではマツ科と，森林の主要な樹木は大きく変わる）．

　一方，外生菌根菌の種レベルで見ると，種組成や出現頻度といった群集構造は樹種によって異なる．たとえば，同所的に存在するモミやツガと広葉樹では菌根菌群集が大きく異なるほか，広葉樹の中でもブナ科とカバノキ科では異なる菌種，一方に偏った出現頻度を示す菌種が多く見つかる（図7.7）．外生菌根菌の多くは，異なる樹木にも感染できる能力があるものの，多くは特定の樹木をより好む性質があるようである．また，地域によっても外生菌根菌の種は大きく変わる．たとえば，東南アジアと日本，アジアと北米でも共通する菌種が出現することはまれであり，地域ごとの固有種の割合は高いといえる．ただし，地域ごとの菌種リストを見ると同じ学名の菌種が見つかることも多い．これは，菌類には形態的特徴が少なく，既存の形態にもとづく分類体系では，DNAで明らかに異なる菌種が同種として扱われていることが多いためである．今後，細菌類と同様にDNA情報をもとにした分類体

系が進めば（Matheny *et al.*, 2006），菌根菌の地域性や生物地理で興味深い知見が得られるであろう．

7.4 生物資源としての外生菌根菌

(1) 外生菌根菌を利用した森林再生へ

　富士山の火山荒原で見たように，外生菌根菌は樹木の定着を促進する重要な働きをもっている．火山荒原は自然によって形成されたものであるが，人口圧の高いアジア地域では，人間活動によって生まれた広大な荒廃地が各地に広がっている．こうした荒廃地でも，富士山火山荒原と同様に，外生菌根菌の空白地となっている可能性がある．実際に，火災の被害にあった東南アジアのフタバガキ林を調べてみると，通常地表の80%ほどに見つかる外生菌根が，ほとんど見つからない（図7.8）．こうなると，外生菌根菌に依存しているフタバガキ科の自然定着は難しいであろう．中国の森林伐採跡での過放牧地や鉱山跡地でも，同様に外生菌根菌の空白地域は広がっている．もちろん，こうした地域では外生菌根菌以外の環境要因も森林再生を妨げる要因になっていると考えられるが，富士山火山荒原と同様に外生菌根菌の不在が森林再生の最大の阻害要因となっている可能性もある．

　これまで，森林再生に外生菌根菌が利用された例は非常に限られる．その多くは，苗畑の育苗の段階での接種である．コツブタケ属やニセショウロ属の子実体は大きな球形をしていて，その中に大量の胞子が作られる．東南アジアのフタバガキ科樹木の苗にそうした胞子を接種する試みも行われている（Turjaman *et al.*, 2005）．コツブタケ属は，北米などでは微生物資材として販売され，針葉樹の育苗に使われたこともある．コツブタケ類は人工培地上での菌糸の成長も早いので，接種実験などの研究例も多い．ただ，こうした菌を実際の成熟した森林で見かけることは少なく，苗畑での育苗では優れた成果を発揮しても，現地に植栽した後にすぐに消えてしまう例も報告されている（Gagne *et al.*, 2006）．

　それでは今後どのように森林再生に菌根菌を応用していくのがよいのだろう．筆者は自然の森林再生過程で見つかった，菌根菌ネットワークや埋土胞

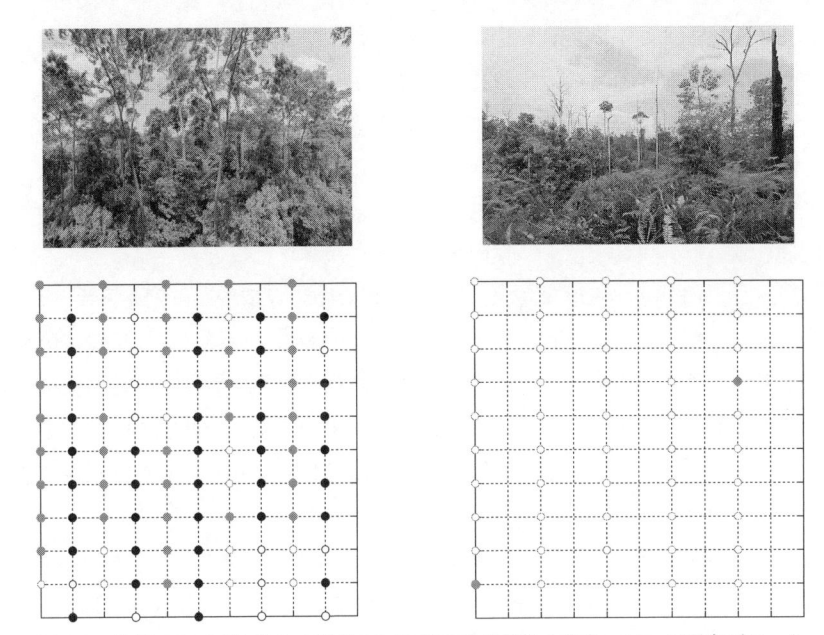

7.4 生物資源としての外生菌根菌　133

図 7.8　熱帯フタバガキ林と火災後の二次林の外生菌根の分布．1 ha の調査プロット（10 m メッシュ）で，土壌サンプルを採取した場所を丸で示したもの（●が外生菌根が見つかった場所，○が見つからなかった場所，濃度は調査年度の違い）．攪乱を受けていないフタバガキ林では，外生菌根が普遍的に見つかる（左図）．一方，火災を受けた二次林（火災後 8 年）では，樹木の多様性はかなり回復しているものの（火災前の 6 割程度），外生菌根がほとんど消失したままで，回復もしていない（右図）．

子の機能を利用するのがよいのではないかと考える．現地で先駆種となる菌根菌を接種した苗を植栽することで，あとはネットワークの機能による樹木の自然定着を促すのも 1 つの方策であろう．対象樹種の埋土胞子を別の場所から採取して，荒廃地に導入するのも簡単な応用方法になるであろう．今後，現地の環境に即した外生菌根菌の利用方法の検討が必要である．

(2)　外生菌根菌の保全

外生菌根菌が樹木にとって欠かせないパートナーであること，森林再生にも大きな役割を果たすこと，外生菌根菌の種が地域や樹種によって異なることなどがおわかりいただけたであろうか．ここで問題となるのが外生菌根菌の保全である．

1つ例を挙げよう．東南アジアではもともとフタバガキ科の優占する森林がほぼ全域に広がっていた．伐採や火災によってその面積は急激に減少し，手つかずの森林はほとんど残っていないような状況である．攪乱の後には，マカランガのような早生樹が更新してくるが，こうした早生樹はアーバスキュラー菌根菌と共生する樹木である．その結果，攪乱前に土壌中に普遍的に分布していた外生菌根菌も，東南アジアの二次林ではほとんど見つからない（図7.8）．つまり，かつての広大な外生菌根菌の生息環境がほとんど失われ，残された生息環境も失われようとしているのである．同様に，外生菌根菌の生息環境は世界中の多くの地域ですでに失われてしまったか，樹種の転換などで改変されてしまった．こうした状況で，すでに多くの外生菌根菌が絶滅し，さらに多くの外生菌根菌が絶滅の危機に瀕しているのは容易に想像できる．

国際自然保護連合（IUCN）の最新のレッドリストを見ると，1万615種の動物と9193種の植物が絶滅危惧種として登録されている（IUCN, 2012）．これに対し，同じ真核多細胞生物である菌類については，地衣類2種とキノコ1種が登録されているものの，菌根菌はゼロである．登録がないのは絶滅に瀕している菌根菌がないことを意味しているわけではない．ただたんに，評価に必要な情報が得られていないだけである．事実，哺乳類や鳥類では記載種の100%がレッドリストの評価対象になっているのに対し，外生菌根菌を含むキノコ類ではわずか0.003%（菌類の未記載種の多さを考えると実際にはさらに低い）しか評価対象にされていない．

生物多様性保全のかけ声のもと，パンダやトキを筆頭に，動物や植物の保全活動は各地で活発化している．しかし，レッドリストと同様に，菌類の保全活動はまったく耳にすることがない．地面の下にいる菌類に一般の関心が向かないのも理解できるが，ほとんどの菌類において基本的な生態がわかっていないのも一因である．今後は菌根菌についても，分布域や基本的生態に関する情報を充実していく必要がある．

ここまでに述べた菌根菌の重要な働きを考えると，鍵になるような菌根菌が絶滅してしまえば，それが共生していた樹木だけでなく生態系の回復にも大きく影響する可能性がある．先ほどのフタバガキ林の例を使うと，その地域のその樹種にしか見られない外生菌根菌は，わずかに残されたフタバガキ

林にかろうじて生育している．その残存林を破壊してしまうと，その地域でフタバガキを支えていた貴重な菌根菌は絶滅してしまう．そうなると，いくらフタバガキの種子や苗が手に入っても，もとのようなフタバガキ林は二度と戻らないし，フタバガキ林そのものが成立しないかもしれない．すでに多くの貴重な菌根菌が絶滅して手遅れになってしまっているかもしれないが，せめて今できる最善の菌根菌保全策を考えなければならないだろう．

引用文献

Bidartondo, M. I. 2005. The evolutionary ecology of myco-heterotrophy. New Phytologist, 167：335-352.

Brundrett, M. C. 2009. Mycorrhizal associations and other means of nutrition of vascular plants：understanding the global diversity of host plants by resolving conflicting information and developing reliable means of diagnosis. Plant and Soil, 320：37-77.

Bruns, T. D., K. G. Peay, P. J. Boynton, L. C. Grubisha, N. A. Hynson, N. H. Nguyen and N. P. Rosenstock. 2009. Inoculum potential of *Rhizopogon* spores increases with time over the first 4 yr of a 99-yr spore burial experiment. New Phytologist, 181：463-470.

Gagne, A., J. L. Jany, J. Bousquet and D. P. Khasa. 2006. Ectomycorrhizal fungal communities of nursery-inoculated seedlings outplanted on clear-cut sites in northern Alberta. Canadian Journal of Forest Research, 36：1684-1694.

Horton, T. R. and T. D. Bruns. 2001. The molecular revolution in ectomycorrhizal ecology：peeking into the black-box. Molecular Ecology, 10：1855-1871.

Ishida, T. A., K. Nara, M. Tanaka, A. Kinoshita and T. Hogetsu. 2008. Germination and infectivity of ectomycorrhizal fungal spores in relation to ecological traits during primary succession. New Phytologist, 180：491-500.

IUCN. 2012. The IUCN Red List of Threatened Species. http：//www.iucnredlist.org/

Lindahl, B. D., K. Ihrmark, J. Boberg, S. E. Trumbore, P. Högberg, J. Stenlid and R. D. Finlay. 2006. Spatial separation of litter decomposition and mycorrhizal nitrogen uptake in a boreal forest. New Phytologist, 173：611-620.

Matheny, P. B. *et al.* 2006. Major clades of Agaricales：a multilocus phylogenetic overview. Mycologia, 98（6）：982-995.

Nara, K. 2006a. Ectomycorrhizal networks and seedling establishment during early primary succession. New Phytologist, 169：169-178.

Nara, K. 2006b. Pioneer dwarf willow may facilitate tree succession by providing late colonizers with compatible ectomycorrhizal fungi in a primary successional volcanic desert. New Phytologist, 171：187-198.

奈良一秀. 2008. 菌根菌による植生遷移促進機構.（重定南奈子・露崎史朗, 編：攪乱と遷移の自然史）pp. 95-111. 北海道大学出版会, 札幌.

Nara, K. 2008. Community development patterns and ecological functions of ectomycorrhizal fungi：implication from primary succession. *In*（Varma, A. ed.）Mycorrhiza 3rd ed. pp. 581-599. Springer, Germany.

Nara, K. 2013. The role of ectomycorrhizal networks in seedling establishment and primary succession. *In*（Horton, T. ed.）Mycorrhizal Networks, Ecological Studies series. Springer, New York（in press）.

Peay, K. G., M. Garbelotto and T. D. Bruns. 2009. Spore heat resistance plays an important role in disturbance-mediated assemblage shift of ectomycorrhizal fungi colonizing *Pinus muricata* seedlings. Journal of Ecology, 97：537-547.

Redecker, D. and P. Raab. 2006. Phylogeny of the Glomeromycota（arbuscular mycorrhizal fungi）：recent developments and new gene markers. Mycologia, 98：885-895.

Selosse, M. A. and M. Roy. 2009. Green plants eating fungi：facts and questions about mixotrophy. Trends in Plant Sciences, 14：64-70.

Simon, L., J. Bousquet, C. Levesque and M. Lalonde. 1993. Origin and diversification of endomycorrhizal fungi and coincidence with vascular land plants. Nature, 363：67-69.

Smith, S. E. and D. J. Read. 2008. Mycorrhizal Symbiosis 3rd ed. Academic Press, London.

Taylor, A. F. S. and I. Alexander. 2005. The ectomycorrhizal symbiosis：life in the real world. Mycologist, 19：102-112.

Tedersoo, L., T. W. May and M. E. Smith. 2010. Ectomycorrhizal lifestyle in fungi：global diversity, distribution, and evolution of phylogenetic lineages. Mycorrhiza, 20：217-263.

Tedersoo, L. and K. Nara. 2010. General latitudinal gradient of biodiversity is reversed in ectomycorrhizal fungi. New Phytologist, 185：351-354.

Turjaman, M., Y. Tamai, H. Segah, S. H. Limin, J. Y. Cha, M. Osaki and K. Tawaraya. 2005. Inoculation with the ectomycorrhizal fungi *Pisolithus arhizus* and *Scleroderma* sp. improves early growth of *Shorea pinanga* nursery seedlings. Mycorrhiza, 30：67-73.

van der Heijden, M. G. A. and T. R. Horton. 2009. Socialism in soil？ The importance of mycorrhizal fungal networks for facilitation in natural ecosystems. Journal of Ecology, 97：1139-1150.

Wang, B. and Y. L. Qiu. 2006. Phylogenetic distribution and evolution of mycorrhizas in land plants. Mycorrhiza, 16：299-363.

コラム　外生菌根共生系における物質転流を可視化する

外生菌根菌は樹木の根と共生し，土壌の中で根外菌糸を発達させリン酸や窒素を吸収し，菌根を介して宿主に受けわたすことで宿主の成長を促進する．一方，外生菌根菌が必要とする炭素源は宿主樹木の光合成産物から供給される．外生菌根共生は世界中の森林で見られるごく普通の現象であり，地面の下で密かに森林の維持や発達を支える重要な役割を担っていると考えられている．

宿主が光合成で固定した炭素は，菌根菌組織へ受けわたされ，迅速にトレハロース，マンニトールなどの菌特異的な糖類や糖アルコール，もしくは貯蔵的な高分子であるグリコーゲンへと合成され (Smith and Read, 2008)，さらに菌根を介して根外菌糸体 (菌叢) 内を転流し，菌糸や子実体の成長に利用されると考えられている．

菌根から土壌中に発達する菌叢は，同じ樹木の別の細根や異なる樹木の細根に達して新たな菌根を作る．そして，そこからふたたび新たな菌叢が発達する．その繰り返しの結果，多数の菌根が菌糸によって互いに繋がり，菌糸のネットワーク構造が形成される．この菌糸のネットワークは，菌根ネットワーク (Mycorrhizal Network：MN)，あるいは共通菌根ネットワーク (Common Mycorrhizal Network：CMN) などと呼ばれている．このようなネットワークは必ずしも安定したものではなく，ダイナミックに変動することが報告されており，その構造と生態機能は興味深い研究課題である．

このような樹木と菌類の外生菌根共生系における炭素やリン，窒素などの物質の流れを追ううえで，放射性同位体 (^{14}C, ^{32}P, ^{33}P) や安定同位体 (^{13}C, ^{15}N) といったトレーサーを用いた試験は，非常に有効な手法として用いられてきた．近年ではイメージングプレート (IP) を用いたデジタルオートラジオグラフィー技術により，定量的かつ経時的なオートラジオグラフィーが可能となった．筆者らはこの技術を用いて，外生菌根共生系における物質転流を可視化することを試みた．そのいくつかの研究例を紹介したい．

リン (P) の移動——菌根菌から樹木へ

根箱を用いて，クロマツ Pinus thunbergii Parl.-コツブタケ Pisolithus sp. の菌根苗を栽培し，菌叢の一部に ^{33}P を吸収させ，その後の動きを，IP を用いた経時的オートラジオグラフィーによってモニターした (図1A)．標識1日後から2日後にかけて，^{33}P が菌叢や菌根に移動し蓄積され，その後徐々に宿主の地上部に転流したことが明らかになった (Wu et al., 2012)．

炭素 (C) の移動——樹木から菌根菌へ

クロマツ-コツブタケの菌根苗に，光合成によって $^{14}CO_2$ を植物の地上部に取り込ませた．^{14}C は，1日以内に地下部へ移動し，菌根を介して菌叢に広がった (図1B)．3日目では，取り込ませた ^{14}C の24%が菌叢にあることが示された (Wu et al., 2002)．子実体を発生させたアカマツ Pinus densi-

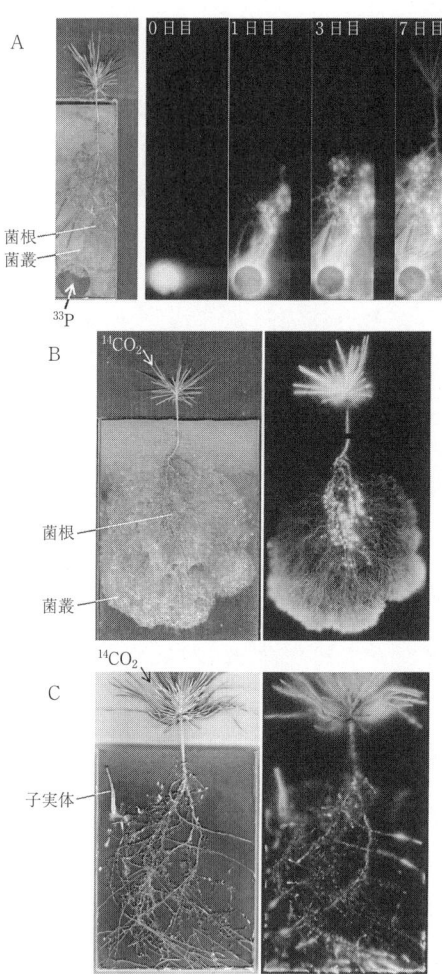

138 第7章 地下から森林を見つめ直す

図1 外生菌根共生系における ^{33}P および ^{14}C の転流．A はクロマツ Pinus thunbergii–コツブタケ Pisolithus sp. 外生菌根共生系の菌叢に ^{33}P を標識し，その動きを経時的オートラジオグラフで示したものである（Wu et al., 2012 より改変）．B はクロマツ–コツブタケ外生菌根苗に $^{14}CO_2$ を針葉から光合成で取り込ませてから 24 時間後の ^{14}C 分布を示す（Wu et al., 2002 より改変）．C は菌根菌ウラムラサキ Laccaria amethystina の子実体への ^{14}C 光合成産物の転流を示す（Teramoto et al., 2012 より改変）．左は写真，右はオートラジオグラフ．

flora Sieb. et Zucc.–ウラムラサキ Laccaria amethystina（Bolt. ex Hooker）Murr. 外生菌根共生系を用いた ^{14}C トレーサー実験においては，地上部から取り込ませた ^{14}C はただちに子実体に転流したことが示された（図 1C；Teramoto et al., 2012）．

根外菌糸体の結合による栄養転流範囲の拡大——菌叢から菌叢へ

クロマツと 2 菌株のコツブタケ（Pt1, Pt2）それぞれの菌根苗の菌叢を隣り合わせて接触させ 2 週間栽培した．接触後 2 週間後に片側の苗の地上部に $^{14}CO_2$ を与えることで光合成産物を標識した（Wu et al., 2012）．同菌株間では標識 1 日後から菌叢間で ^{14}C の移動が観察されたが（図 2A），異菌株間で

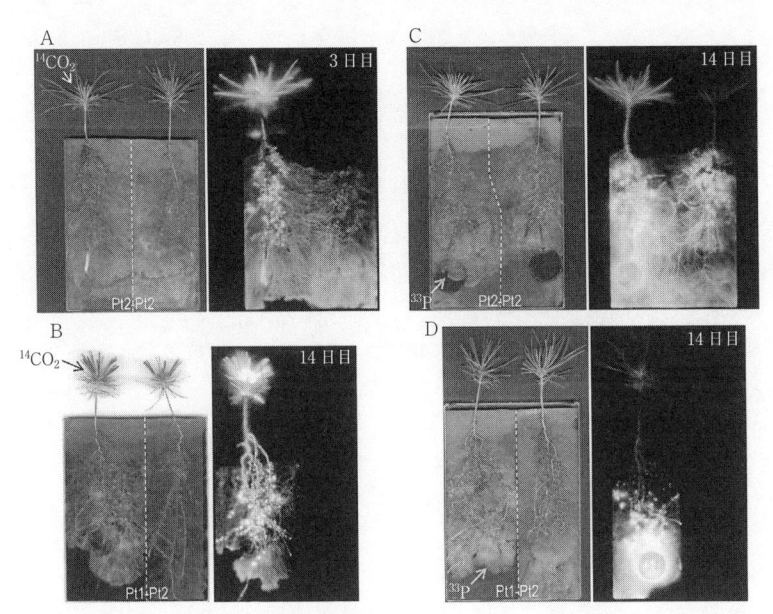

図2 コツブタケ *Pisolithus* sp. の菌叢間における ^{14}C および ^{33}P の転流（Wu *et al*., 2012 より改変）．同菌株間では，^{14}C および ^{33}P の転流があったが（A と C），異菌株間では，^{14}C および ^{33}P いずれの転流もなかった（B と D）．左は写真，右はオートラジオグラフ．点線は菌叢間の接触ラインを示す．

は ^{14}C の移動がまったく見られなかった（図2B）．同じ実験系を用いて片側の苗の菌叢に ^{33}P の標識も行った．その結果，同菌株間では，^{33}P が菌叢結合部を通過し，反対側の菌叢・菌根・地上部に転流したが（図2C），異菌株間では ^{33}P の移動がまったく見られなかった（図2D）．

外生菌根菌は，強いCシンク能と強いPシンク能をあわせもっている．宿主に対して，菌根菌は効率的なPソースでもある．筆者らのトレーサー実験により，Cは主に宿主から菌根菌へ，Pは土壌から根外菌糸・菌根を経由し宿主へ，という転流経路が示された．また，実際の森林林床下では，菌糸融合によって物理的に結合する菌叢が空間的に広がっており，炭素栄養や，リンなどの無機栄養の転流範囲を拡大するという生態的に重要な意味をもつことが菌叢間でのC・Pの転流の結果により示された．最近，植物生育状態のまま，放射性同位元素の二次元分布をリアルタイムで画像化するRRIS（Real-time Radioisotope Imaging System）や，光学顕微鏡レベルの放射性同位元素の分布を可視化するミクロRRIS装置が開発され（中西，2011），これらの技術は菌根共生系における物質転流の可視化に応用することが期待される．

引用文献
中西友子．2011．最先端・次世代研究開発支援プログラム——アイソトープイメージ

ング技術基盤による作物の油脂生産システム向上に向けての基礎研究. Laboratory of Radioplant Physiology, 2011年号.

Smith, S. E. and D. J. Read. 2008. Mycorrhizal Symbiosis 3rd ed. Academic Press, London.

Teramoto, M., B. Y. Wu and T. Hogetsu. 2012. Transfer of ^{14}C-photosynthate to the sporocarp of an ectomycorrhizal fungus *Laccaria amethystina*. Mycorrhiza, 22：219–225.

Wu, B. Y., K. Nara and T. Hogetsu. 2002. Spatiotemporal transfer of ^{14}C-labeled photosynthate from ectomycorrhizal *Pinus densiflora* seedlings to extraradical mycelia. Mycorrhiza, 122：83–88.

Wu, B. Y., H. Maruyama, M. Teramoto and T. Hogetsu. 2012. Structural and functional interactions between extraradical mycelia of ectomycorrhizal *Pisolithus isolates*. New Phytologist, 194：1070–1078.

呉　炳雲

第8章　　　　　　　　　　　　　　　　　　　　　練　春蘭
遺伝子を通して個体群を捉える
──資源管理への応用

8.1 集団の遺伝構造とその解析法

(1) 遺伝的多様性と集団の遺伝構造

　私たちのまわりにはじつにさまざまな生物種が存在している．種は1つの個体で維持されているのではなく，複数の個体によって構成される集団（個体群：population）の中で遺伝的形質が次世代に受け継がれ，また異なる集団間で遺伝的交流（遺伝子流動）があることによって全体として種としての存続が維持されているのである．集団内の個体は一見どの個体も同じように見えるが（図8.1），個体ごとの形質を見るとさまざまな変異がある．さまざまな変異，すなわち多様性は集団を維持するうえで要となる．環境変動や病虫害，捕食者などの外的ストレスに対して，同一の反応しかできないよりも多様な反応ができるほうが集団として存続する可能性が高まるからである．遺伝子のレベルで見ると，形質の変異をはるかにしのぐ変異がある．形態や生理活性などのすべての形質は遺伝子によって規定されている．形質として現れない遺伝情報もある．遺伝情報をつかさどる DNA に変異が生じても必ずしも形質の変異として発現するとは限らず，認識できる形質の多様性以上に遺伝子は多様である．集団を，個体を単位とした多様な遺伝子のセットとして認識するのが遺伝的多様性の考え方である．

　遺伝的変異は空間に一様に分布しているのではなく，遺伝的に似たものが近くに分布するといった，偏りをもった分布をしている．植物の場合では花粉や種子の散布距離あるいは地下茎などで分布範囲を拡大する無性繁殖の範囲，動物の場合では繁殖行動の距離といった生物側の制限要因に加えて，山

図8.1 フィリピンミンダナオ島のラギンディガンに生育しているマングローブの群落.

や川,海流といった地理的制限要因によって,遺伝的変異の空間的偏りが生ずる.このような集団内に生じている遺伝的変異の空間的偏りを集団の遺伝構造(population genetic structure)という.

遺伝的多様性や集団の遺伝構造は,集団の繁殖様式や交配様式,花粉や種子散布による集団間の遺伝子流動,突然変異,集団間の個体の移動(移住),淘汰などの影響を受ける.有性生殖をするか無性生殖をするか,あるいは双方がどのような割合で生じているかという集団の繁殖様式は,集団の遺伝的変異に大きな影響を与える.また,植物の場合,交配様式,すなわち自家受精なのか他家受精なのか,あるいは双方がどの程度の割合で生じているかということが遺伝的変異に大きく影響する.逆にいえば,集団の遺伝的多様性や遺伝構造を明らかにすることによって,繁殖様式や交配様式,集団間の遺伝子流動の実態を明らかにすることができる.

遺伝的多様性や集団の遺伝構造を把握することは,現状での集団の繁殖様式や集団維持機構の解明あるいは集団間の遺伝的分化の程度や遺伝子流動の実態の把握に繋がるだけでなく,種の地理的分布の変遷を推測したり,その

変遷過程を規定したであろう環境要因を特定するうえで有用な手がかりとなる．あるいは生態系保全活動において，保全対象のスケールの検討や対象集団の選定にも有用な情報を与える．また，人為的な種の移植が必要な場合，移植行為による遺伝子撹乱を極力回避する際に有用な情報となる．

(2) 集団の遺伝構造の解析法

DNA 配列には，形態や生理活性などの機能（形質）を有さない多量の変異も含まれている．このように個体における遺伝的変異の多様性は機能的多様性をはるかにしのぐため，その情報をマーカーとして利用することにより個体や血縁関係を識別することができる．それぞれの遺伝子はDNA配列上の特定の場所（遺伝子座）に位置しているが，各遺伝子座において配列に変異が生じている場合があり，そのような異なる配列をもった遺伝子を対立遺伝子という．対立遺伝子の数が多い遺伝子座を複数組み合わせて解析することにより，個体の識別や血縁関係の計算が可能となる．遺伝情報をもとに解析することにより，表現型では区別できない個体の違いを遺伝情報の違い（遺伝子多型）として識別することができるようになる．

現在，集団内および集団間の遺伝的変異を研究するために，遺伝マーカーが基礎的なツールとして使用されている．遺伝マーカーが植物などの多様性研究に使われ始めたのは1970年代のことで，アロザイム（allozyme）がその中心であった．アロザイムとは同じ遺伝子座の対立遺伝子に由来する，異なるアミノ酸配列をもつ酵素のことである．アロザイム解析法は電気泳動と酵素の活性染色を組み合わせることによって酵素のアミノ酸配列の変異を検出する技術で，当時は革新的な手法として広く受け入れられ，さかんに用いられた．繁殖様式や遺伝構造，集団間の遺伝子流動などに関して，現在までに多くの情報が蓄積されている（津村，2001）．ただし，アロザイムマーカーは利用できる遺伝子座が多くても 10–20 程度，また各遺伝子座における対立遺伝子数が少ないため，個体識別が可能なほど十分な情報量が得られない（井鷺，2001）．1980年代に入ると，酵素ではなく遺伝情報をつかさどる核酸（DNA）そのものを分析対象とする分析方法が開発された．代表的な解析法には，特定の塩基配列を切断する酵素を使ってDNAを断片化し，その長さの違いから DNA 配列の違いを認識する，RFLP（Restriction Fragment

Length Polymorphism：制限酵素断片長多型）法がある．しかし，この方法は手間がかかるほか，放射性ラベルを使用するのが一般的だったことなどからあまり普及しなかった（津村，2001）．1990年代に入ると，DNAの特定部位を増幅するPCR法が発明されたことによりさまざまなDNA多型検出法が開発された．なかでもマイクロサテライトマーカーは，情報量が多く扱いが容易なため集団遺伝学や分子生態学に積極的に使われるようなった遺伝マーカーの1つである．マイクロサテライト（microsatellite）あるいは単純反復配列（Simple Sequence Repeat：SSR）とは，染色体上に存在する1-6塩基を単位とする繰り返し配列である．その繰り返し数の違いを多型として検出するマイクロサテライトマーカーは多型性が抜きん出て高い．また，父個体由来の対立遺伝子と母個体由来の対立遺伝子が異なる場合（ヘテロ接合）と同じ場合（ホモ接合）とを区別できる共優性マーカーであるため，得られる情報が多い．そのうえ，再現性が高いため，親子解析，個体識別や花粉・種子散布範囲の推定などに関して十分に情報を得ることができる．対象種それぞれに特異的なマイクロサテライトマーカーを開発する必要があるが，次世代シークエンサーによる大量のゲノム配列の解読が可能となった近年では容易に多数のDNAマーカーを作製できるようになり，短期間でより正確に集団の遺伝情報を得ることも可能になった．

　実際に，ある種の集団の遺伝構造について，どのように調査するのかを簡単に説明する．大きく分けると，遺伝マーカーの開発，野外調査，遺伝子分析とデータの統計的解析に分けられる．生物種を超えて利用可能な遺伝マーカーを利用する場合（例：アロザイム）や種特異的な遺伝マーカーがすでに調査対象種で開発されている場合にはそれを利用するが，利用可能な遺伝マーカーが存在しない場合にはまずその開発をしなければならない．野外調査では，研究調査の目的によって，調査地の設置方法とDNA解析のための試料採取方法を検討する．地理的分布の異なる集団の遺伝的多様性と遺伝分化を調査するためには，各集団ごとに一定面積の調査区を設け，それぞれから空間的にランダムに，通常30-40個体から試料を採集する（例：マングローブの遺伝的多様性の解析；Geng, 2008）．このとき，栄養繁殖や親類関係にある個体をなるべく避けるように留意する必要がある．一方で，集団内の空間的遺伝構造や花粉・種子散布距離などを調査するためには，ある調査地内に

生育しているすべての個体について位置図を作成し，それぞれから試料を採集する方法が一般的である（例：トドマツの倒木更新の調査；Lian et al., 2008）．これらの採取した試料を実験室に持ち帰り，DNAマーカーによって全調査個体の遺伝子型データを得る．この際，DNAになってしまうと試料の取り違いやコンタミネーションが生じても気づきにくく，解析結果に大きく影響するため十分に注意する必要がある．

集団内の遺伝的多様性，空間遺伝構造，集団間の遺伝的分化の指標が開発されており，それらを用いて得られた遺伝子型データを解析する．遺伝的多様性の指標となる平均対立遺伝子数やヘテロ接合度の期待値，近親交配の程度を表す近交係数，集団分化を指標する遺伝的距離や固定指数などがある．具体的な計算法については"Molecular Evolution and Phylogenetics"（Nei and Kumar, 2000）を参照されたい．近年では多くの解析ソフトウェアが無料で公開されており，多様な解析が可能となっている．たとえばベイズ推定の手法を用いたSTRUCTURE（Pritchard et al., 2000）を使用すると，遺伝構造を視覚的に捉えることが可能であり，集団構造の解析によく用いられるようになっている．

(3) 解析対象とするDNAのタイプ

遺伝マーカーを用いて解析対象とするDNAには，細胞の核に存在する核DNAのほかに，ミトコンドリアや葉緑体などの細胞内小器官に存在するオルガネラDNAがある．核DNAが通常，父個体由来（父性遺伝）の染色体と母個体由来（母性遺伝）の染色体からなる2セットの遺伝情報をもっているのに対して，ミトコンドリアDNAは一般的には母性遺伝であるため，母子鑑定や母系先祖の追跡などに有効である．また，光合成を行う生物の細胞内にある葉緑体DNAも針葉樹を除き母性遺伝であるため，種子散布距離の推定や母子鑑定に有効な情報を得られる．

遺伝マーカーによる解析手法の開発と得られた遺伝子型データの解析手法の開発により，さまざまな生物種について，これまでは見えなかった集団の遺伝構造や地理的分化が明らかになってきた．次節以降では，実際に行われた研究調査の事例を紹介する．

8.2 富士山における樹木の定着過程

(1) 富士山火山荒原の植生遷移

　富士山では宝永山の最後の噴火によって，火山口付近ですべての植生が失われ，荒原ができた．とくに南東斜面（御殿場口）付近では，厚さ7–10 mほどの砂礫層が堆積し，300年を経た今でもまだ植物が点在するだけであり，植生の被覆率は10%にも達しておらず（Chiba and Hirose, 1993），一次遷移初期の様相を呈している．詳しく見ると，あちこちにフジアザミが点在し，パッチ状にイタドリやミヤマヤナギなどの先駆植物が分布している（図8.2）．風雨で移動しやすいために不安定な基盤であるスコリア堆積面に，まず，フジアザミやイタドリが入り，イタドリは，地下茎によってその被覆面積を徐々に広げ，植生のパッチを形成する（Adachi *et al.*, 1996；Zhou *et al.*, 2003）．このようなイタドリパッチに最初に定着する木本樹木はミヤマヤナギである．このミヤマヤナギは匍匐性のため攪乱に強く，徐々に植生を拡大していく．ミヤマヤナギが定着した後に，パッチにはカラマツとダケカンバが出現する．低木性のミヤマヤナギに対して両種は高木種であり，その侵入は森林形成へ向かう植生遷移の重要な段階である．両種の実生の定着は，先に定着してい

図8.2　富士山南東斜面（御殿場口）における点在して分布する先駆植物（イタドリとミヤマヤナギ）のパッチ．

るミヤマヤナギの存在によって促進されることが明らかになっており（Adachi et al., 1996；Nara and Hogetsu, 2004；第7章），ミヤマヤナギの定着は富士山南東斜面での一次遷移の森林成立過程において重要な役割を担っているものと考えられる．すなわち先駆樹種であるミヤマヤナギ群落の定着過程を明らかにすることにより，火山荒原における遷移段階初期の遷移メカニズムの解明が期待される．

(2) 富士山火山荒原のミヤマヤナギの定着過程

ミヤマヤナギは亜高山から高山帯に生える雌雄異株の低木で，高山帯では地面を這うように生育して個体を維持しながら種子を散布して分布域を拡大する．宝永山噴火の後，植生が完全に失われたスコリア堆積面にミヤマヤナギの種子がどこからやってきて，どのように分布面積を拡大したのだろうか．これらのことを明らかにするために，調査に先立ち，ミヤマヤナギの核マイクロサテライト（SSR）マーカー3座（Sare04，Sare05，Sare08；Lian et al., 2001）を作製した．富士山御殿場口5合目付近からミヤマヤナギパッチが分布する最高標高域（標高1500-1600 m）まで，50-100 mおきに方形（50×50 m）の調査プロットを9カ所設定した（Lian et al., 2003）．この調査地に生育している樹木はほとんどがミヤマヤナギであり，カラマツはわずか3本で，ほかの樹種は見つからなかった．全プロットのすべての植生パッチ内にあるミヤマヤナギ成木の葉を1 mおきに，計503個体を採取した．採取した葉からDNAを抽出し，作製した核SSRマーカーを用いて，それぞれの個体について遺伝子型を特定した．遺伝子型というのは遺伝マーカーから得られる情報をもとに識別可能なパターンである．栄養繁殖によって繁殖した場合には遺伝型は同一となる．地下茎などの栄養繁殖によって生育範囲を広げるような種において，複数（たとえば10本）の茎が地面から立ち上がって，見た目には別個体のように見えてもDNA解析により遺伝子型がすべて同じであると判明することもある．こうした場合，それぞれの茎をラメット（10ラメット）と呼び，全体をジェネット（1ジェネット）と呼ぶ．

調査した9プロットに，ミヤマヤナギが生育している植生パッチは66パッチであった．ミヤマヤナギの生育する植生パッチの面積は高標高ほど小さい傾向が見られた．解析した503個体（＝ラメット）は216のジェネットに

分類された．つまり半分以上のラメットは匍匐枝（栄養繁殖）によるものと考えられた．また同一の植生パッチ内ではジェネットごとに偏った分布が見られた．植生パッチごとのミヤマヤナギのジェネット数はパッチの面積と正の相関があった．これは，植生パッチの発達の過程でジェネット数が種子繁殖によって増加することを示唆している．仮にパッチの大きさがパッチ成立以来の時間経過と比例するとすれば，種子繁殖が一定の頻度で起こっているとも解釈できる．一方，もっとも大きいミヤマヤナギのジェネットには，20ラメットがあり，面積は18.8 m^2 であった．調査地内のミヤマヤナギのジェネットの大きさは平均2.06 m^2 であった．面積が大きな植生パッチほどミヤマヤナギが占める植被面積も大きい傾向が見られたことから，植生パッチの発達に伴い，ミヤマヤナギ個体群は栄養繁殖と種子繁殖の両方によって植被面積を広げている可能性が示された．しかし，個々のミヤマヤナギジェネットのサイズで見ると，必ずしも大きな植生パッチ内に生育するジェネットが大きいというわけではなく，植生パッチの大きさとジェネットの大きさに明確な相関は見られなかった．このことは，栄養繁殖によるミヤマヤナギジェネットの拡大が，あるところで抑制されている可能性を示している．

核のSSRマーカーを用いて，ミヤマヤナギ個体の遺伝子型が同定できた．父性遺伝のゲノムと母性遺伝のゲノムを1セットずつもつ二倍体の植物の場合は，核のSSRマーカーによって個体間の親子判別ができるが，ミヤマヤナギはゲノムセットを4セットもつ八倍体であるため，親子関係の判別は難しい．そこで，母性遺伝する葉緑体DNAから5座のSSRマーカーを作製し（CSU01, CSU03, CSU05, CSU06, CSU07；Lian *et al*., 2003），調査地で同定された216ジェネットの親子関係を推定し，ミヤマヤナギの種子散布の様式を推定した．

葉緑体DNAは，ゲノムセットが1セットしかない半数体である．この半数体の遺伝型をハプロタイプと呼ぶ．ミヤマヤナギの葉緑体DNAは母性遺伝するため，同じハプロタイプを示したジェネットは母子のような母系の関係にあると考えることができる．富士山麓の216ジェネットを解析した結果，19ハプロタイプが同定された．比較的狭い調査地であっても多くのハプロタイプが存在することから，数多くの母個体からの種子散布によってミヤマヤナギの実生は定着したものと考えられる．19ハプロタイプのうち，4タイ

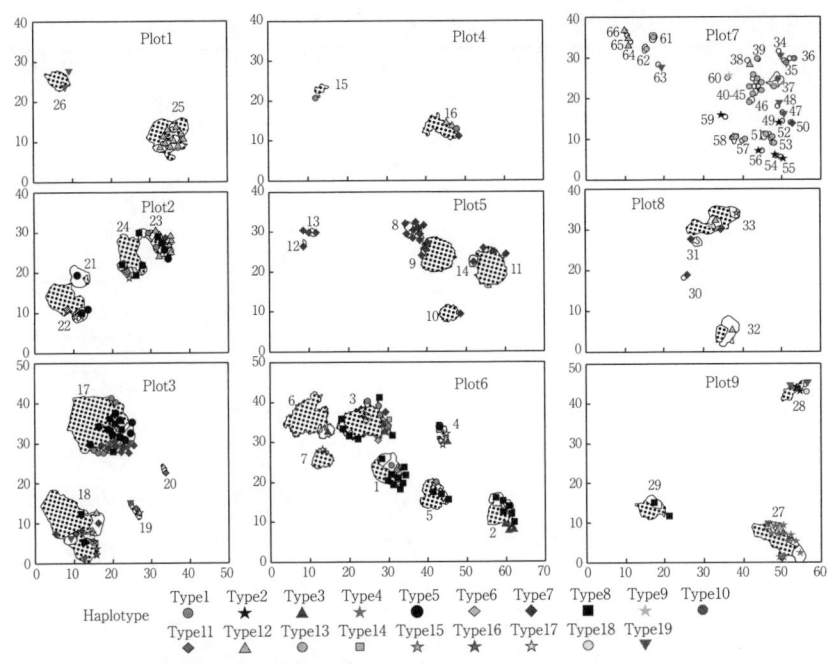

図 8.3 富士山南東斜面（御殿場口）におけるミヤマヤナギの葉緑体ハプロタイプの分布．各植生パッチの白い部分と陰の部分は，それぞれミヤマヤナギとミヤマヤナギ以外の植生を示す．標高が一番低いのはプロット 3 で，一番高いのはプロット 4 と 7 であった．

プは 1 つのジェネットのみに，また 5 タイプは 1 つのプロットのみに存在した．プロットごとにミヤマヤナギのハプロタイプの分布を詳しくみると，プロット 5 では，すべてのジェネットが同じハプロタイプを示しており，これはプロット内のすべてのジェネットが同一の母個体もしくは同一の母系の個体に由来した可能性を示唆している（図 8.3）．ほかのプロットでは，2–10 のハプロタイプが同定された．各プロットに，それぞれ異なるハプロタイプが優占していることが明らかとなった．植生パッチ内で同一ハプロタイプをもつジェネットの分布には偏りが認められた．

現在のミヤマヤナギの種子散布による実生の定着はどうなっているのであろうか．2 年間にわたって調査した結果，ミヤマヤナギが生育している 66 個の植生パッチのうち，わずか 8 個のパッチの周辺で 67 本のミヤマヤナギ実生が見つかったのみで，調査地における実生はまれであった．これら見つ

表 8.1　パッチ付近に生育するミヤマヤナギ実生の葉緑体ハプロタイプ．

パッチ	実生の数	各ハプロタイプの実生の数								パッチ内雌株ジェネットと同一タイプの実生の数 (%)
		T1	T3	T5	T7	T8	T12	T17	T19	
3	9	7	0	0	0	0	1	1	0	7 (78)
17	1	0	0	1	0	0	0	0	0	1 (100)
18	6	0	0	1	1	2	1	0	1	2 (33)
23	7	0	0	0	0	2	5	0	0	5 (71)
25	3	0	0	0	0	1	2	0	0	2 (67)
26	1	0	0	0	0	1	0	0	0	0 (0)
27	13	0	13	0	0	0	0	0	0	0 (0)
36	27	1	0	0	2	1	23	0	0	23 (85)
合計	67	8	13	2	3	7	32	1	1	40 (60)

けたすべての実生から葉を採取し，ハプロタイプを同定したところ，8ハプロタイプが同定された（表8.1）．同じ植生パッチ周辺に定着した実生同士は同じハプロタイプを示す割合が高く，また，パッチ内に生育する雌株のミヤマヤナギと同じハプロタイプである割合も比較的高いことが示された．これらのことから，調査地内のミヤマヤナギの種子散布距離は比較的短い場合が多く，主に母樹のまわりで実生が定着していることがわかった．

　遺伝子解析によって，富士山火山荒原の先駆樹木であるミヤマヤナギの定着過程の全体像が解明された．宝永山の噴火後，初期の段階では周辺で生き残った数多くの雌株からの種子が比較的長い距離の散布により，裸地に定着したと考えられる．定着した実生が成長すると，それらの枝は安定性の低いスコリアに埋もれてしまうが，栄養繁殖によって個体を維持し，生育面積が拡大してきたのだろう．定着した実生が成熟して種子生産を始めると，土壌の安定した母樹の近傍で種子が定着し，パッチ内では同一母系のミヤマヤナギの群落が発達してきたと考えられる．

8.3　マングローブの遺伝的多様性と繁殖様式

　マングローブ林は，熱帯や亜熱帯における河口や海岸沿いの汽水域に形成される特徴的な木本植物群落である．日本では琉球諸島に自然分布する．マングローブ生態系は，ほかの森林生態系には見られない独特の樹種構成をもっており，生物多様性に富み，一次生産力がきわめて高く，世界の漁獲量の

約30%を生産する重要な生態系である．また，海の水質浄化や津波被害の軽減などにも貢献するため，マングローブ林は国際的に保護すべき重要な生態系として認知されている．

マングローブ林は世界でおよそ1500万haの面積を占め，樹種は約80種ある．近年，燃料の確保や大規模養殖地の開発，農地や塩田への転用，沿岸海域の開発などにより，マングローブ林の面積は世界規模で急激に減少している．これに伴い，マングローブ林における遺伝的多様性もまた急速に失われているものと考えられており，マングローブ林の保全は，世界的な環境保全の課題の1つとなっている．2004年のスマトラ沖地震による津波襲来では，多くの村落がマングローブ林によって難を逃れたため，生物多様性や環境保全の観点に加えて地域住民の安全保障の観点も加わり，マングローブの保全・保護に対する関心が高まっている．

マングローブ林が担っているさまざまな役割を今後も維持していくためには，現存のマングローブの遺伝資源の保護とマングローブ林の再生を図ることが必要である．保護対象地やそのスケールの選定をするうえでも，また種苗移送による遺伝子プールの人為攪乱を最小限にとどめながらマングローブ林を再生するうえでも，個体群の遺伝的多様性などの基本的遺伝情報が必要となる．

(1) マングローブ個体群の遺伝的多様性

これまでさまざまな地域でマングローブの個体群の遺伝的多様性と遺伝構造が調査されてきた（Ge and Sun, 1999；Maguire *et al.*, 2000；Geng *et al.*, 2008；Islam *et al.*, 2012）．マングローブ生態系全体としての種多様性は高いといわれているが，構成するマングローブ種の集団内の遺伝的多様性は低く，集団間の遺伝的分化が進んでいることが明らかとなっている．一例として自然分布の北限に近い西表島に生育しているマングローブを見てみる．分布するマングローブ種は7種あり，そのうち，オヒルギ，メヒルギ，ヤエヤマヒルギの3種が優占している．マイクロサテライトマーカーを用いて，西表島の9河川流域に分布しているオヒルギ，メヒルギ，ヤエヤマヒルギの個体群の遺伝構造が調べられた（Islam *et al.*, 2012）．その結果，3種の個体群の平均対立遺伝子数は1.7–2.6で，平均のヘテロ接合度の期待値は0.266–0.408と

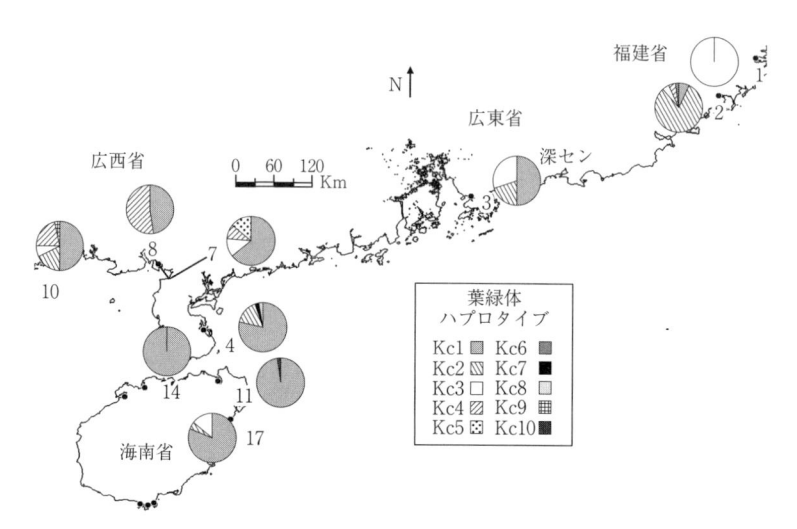

図8.4 中国南沿岸域におけるマングローブメヒルギの葉緑体ハプロタイプの分布と集団間の遺伝的構造．各葉緑体ハプロタイプの割合を円グラフで示す．全部で10葉緑体ハプロタイプであったが，タイプ1（Kc1）が優占した．また，集団1と14は，1つのハプロタイプのみに存在した．

いずれも低く，また，いずれの種でも，優占する葉緑体ハプロタイプはわずか2つか3つであった．これらのことから，西表島に生育しているマングローブは遺伝的多様性が低いことがわかった．また，河川ごとに遺伝的に分化しており，各河川間では，花粉散布や種子散布による遺伝子流動が少ないことも示された．

中国南部の沿岸にもマングローブ林が広がっているが，これらのマングローブ林もこの40年間で3分の2の面積が失われ，世界のマングローブ林と同様に危機的状況にある．また現存する1万7885 ha のマングローブ林の80％は二次林で，いずれも断片化が進んでいる．中国南部の沿岸域に生育しているマングローブは26種ある．優占するマングローブは *Acanthus ilicifolius*，ツノヤブコウジ，ヒルギダマシ，オヒルギ，メヒルギ，ヒルギモドキ，ヤエヤマヒルギの7種である．それらの種を対象に，核SSRマーカーと葉緑体SSRマーカーを用いて，中国の分布域全体の集団の遺伝構造や遺伝的多様性が調べられた（Geng, 2008）．いずれの種でも特定のハプロタイプ

が各集団で優占しており，集団を超えて優占ハプロタイプが共通していることが多かった（図8.4）．これは各集団が限られた母系祖先によって成立し，その祖先は集団を超えて共通している可能性を示している．核SSRマーカーでの解析の結果，メヒルギを除く6種のマングローブの個体群について西表島のマングローブと同様に集団内の遺伝的多様性が低いことが示された．また，集団内の近交係数はすべての種で高く，遺伝的多様性の低い集団内で近親交配の割合が高まることによってさらなる多様性の低下をもたらしている可能性が考えられた．STRUCTURE（Pritchard et al., 2000）による解析から近接する集団の遺伝構造の類似性が高いものの，いずれの種でも集団間の遺伝的分化が進んでいることが明らかになっている．これらの結果は，西表島と同様に中国のマングローブにおいても，花粉や種子の散布を通しての集団間の遺伝子流動がきわめて少ないことを示唆している．

(2) マングローブの繁殖様式

　では，マングローブにおいて集団内の遺伝的多様性が低いのはなぜだろうか．また，花粉や種子の散布を通した集団内の遺伝子流動はどのように生じているのだろうか．生育範囲の広い樹木において花粉や種子の移動を直接的に広範囲で観察するのは困難なため，これまでSSRマーカーを用いて，多くの樹木の花粉・種子の散布特性が明らかにされてきたが（Dow and Ashley, 1996；Gonzalez-Maritinez et al., 2006；Lian et al., 2008），一方でマングローブの交配様式や花粉・種子の散布様式についてはほとんど報告がない（Geng et al., 2008）．海に高密度に生育しているマングローブの位置図を作成するのは非常に困難であるためかもしれない．

　マングローブの集団内の繁殖特性を詳細に明らかにするため，代表的なマングローブ種であるメヒルギの集団を対象にして，SSRマーカーを用いて遺伝構造，交配様式，花粉・胎生種子の散布範囲を調べた（Geng et al., 2008）．中国広東省の高橋マングローブ保護林に0.55 haの調査区を設定し，その中に分布するすべての成木（2062本）の位置を測定し，それぞれから葉を採取した．また，調査区内に設定した4つの実生プロット内のすべての実生（177本）の位置を測定し，葉サンプルを採取した．メヒルギを含むマングローブの一部の種は，通常の種子とは異なった特徴的な種子を発達させ

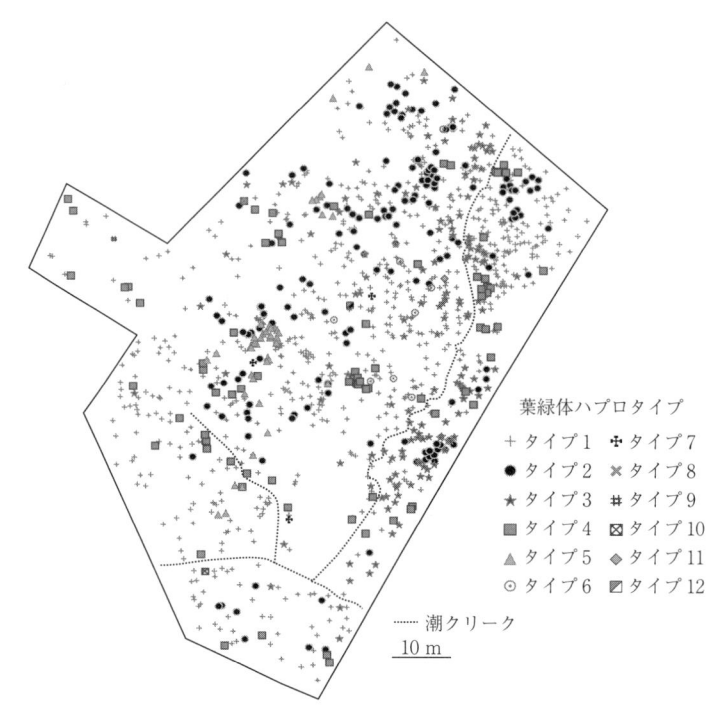

figure 8.5 中国広東省高橋マングローブ保護区におけるメヒルギ成木の葉緑体ハプロタイプの分布．調査地内に全部で葉緑体ハプロタイプは 12 タイプがあり，そのうち，タイプ 1 はまんべんなく分布しており，タイプ 2–5 は局所的に分布していた．

る．受精後，母樹に着生している状態で胚から根のもとになる器官（担根体）が伸び，成熟すると落下して根を伸ばし実生が定着する．この担根体が伸びた状態のものを胎生種子という．花粉散布パターンを調べるために，調査区内の 11 母樹から 378 個の胎生種子サンプルを採取した．

各サンプルの遺伝解析により，メヒルギの他家受精率は 97% とそれほど低くないこと，同定された葉緑体ハプロタイプ 12 タイプのうち 5 タイプによって成木個体の 98.7% が占められていること（図 8.5），そのうち 1 タイプを除く 4 ハプロタイプは局所的な分布をしていることがわかった．また，近接の個体は血縁度が高いという遺伝構造をもつことが示唆された．花粉と胎生種子の平均散布距離はそれぞれ 15.2 m と 9.4 m と非常に短かった．これが集団内の空間的遺伝構造の発達と集団間の遺伝的分化の一因であると考

えられる．これらのことから，調査したメヒルギの集団は限られた祖先が長距離散布によって定着し，その後，成熟した母樹が近距離の範囲で種子散布を繰り返すことで成立したものと推測される．

　生態系の保全を考える際に，遺伝構造が異なる集団あるいは地域を保全の単位とすることが提唱されており（Moritz, 1994），西表島や中国のマングローブの調査で明らかになった集団間の地理的分化は保全を考える際に有用な情報を与える．

8.4　海草の集団の遺伝構造と分布

(1)　沿岸海域に生息する植物としての海草の重要性

　南極を除く世界中の沿岸域に分布する海草藻場は，単位面積あたりの生物量が少ないにもかかわらず，その純生産量は熱帯林の約半分にも達するため（Duarte and Chicano, 1999），重要な生態系の1つとして認識されている．海草藻場はジュゴンのように絶滅が危惧される海洋動物の生息場所であることが知られているほか，ニシンやアオリイカなどの産卵床でもあり（白山ら，2012），またブダイなどの餌場にもなっており，水産有用種の供給源や一次生産の場としても重要である．

　近年，マングローブやサンゴ礁のような沿岸域の生態系と同様に，海草藻場も沿岸開発による攪乱や環境変動の影響にさらされており，世界規模で海草藻場が減少傾向にある（Orth *et al.*, 2006）．平均海水表面温度の上昇や人間活動による陸域や河川からの栄養塩類や土砂などの沿岸海域への流入などで，海草藻場の消失と，ひいてはそこに生息する生物集団への影響が懸念される．生物多様性の維持や持続的な水産資源の利用を図るうえで海草藻場の保全が必要不可欠であり，日本のいくつかの海域では海草種苗による海草藻場の人工造成が行われている．

　海草藻場の構成種である海草は，ワカメ *Undaria pinnatifida* Suringar のような海藻とは異なり，根・茎・葉をもつ被子植物である．種子を介して個体を増やす有性生殖を行うが，開花や結実の時期は種や地域によって異なる．また，地下茎の伸長による栄養繁殖もさかんに行われる．海草は重要な一次

生産者として海草藻場の維持・回復機構の鍵を握っているといえる．

(2) 海草の分布

　被子植物である海草は世界に12属57種が分布する（大場・宮田，2007）．高緯度海域よりも赤道付近で種多様性が高くなることが知られており，これはサンゴ礁を形成する造礁サンゴなどと同じパターンである．とくにコーラル・トライアングルと呼ばれる太平洋の赤道付近を中心とする生物多様性豊かな海域では，海草もまた高い種多様性を示している（Short *et al.*, 2007）．日本の沿岸海域において以前は3属16種の海草が生息しているとされたが（相生，1998），最近ではイトクズモ *Zannichellia palustris* L., カワツルモ *Ruppia maritima* L. なども加えられた24種（雑種・亜種は除く）が記載されている（大場・宮田，2007）．鹿児島以北の日本本土ではアマモ *Zostera marina* L. やスガモ *Phyllospadix iwatensis* Makino などが見られ，温帯域のみならず寒帯域である北海道の沿岸海域でも見られる種も存在する．一方，南西諸島以南ではアマモやスガモは生息せず，リュウキュウスガモ *Thalassia hemprichii* (Ehrenb. ex Solms-Laub.) Asch やベニアマモ *Cymodocea rotundata* Ehrenb. et Hempr. ex Asch. et Schweinf. などが多く見られ，温帯域とは種構成が大きく異なる．南西諸島で見られる種の多くはフィリピンなど沿岸域にも分布する熱帯種であり，南西諸島が生息域北限である．今後，平均海水温の上昇などにより熱帯域を分布の中心とする種が北上する可能性や，急激な環境変化により個体群消滅が起こることで分布域が変化する可能性も考えられる．モニタリングなどを通じて分布域を適切に把握しておくことも，保全にとって不可欠な基礎情報に繋がるだろう．

(3) 海草の集団遺伝解析の現状

　海草の集団の遺伝構造を調べた研究としては，主にヨーロッパで行われたものが多数あり，その多くはアマモや *Posidonia oceanica* L. を対象としている．これらの種では遺伝マーカーが複数開発されている．しかし，種多様性の高いコーラル・トライアングルに目を向けてみると，海草の集団の遺伝構造に関する研究は行われておらず，アジア・太平洋域で海草藻場の保全に必要な基礎情報が不足しているのが現状である．筆者らの研究室では，コー

ラル・トライアングルに近いフィリピンの全域，日本の南西諸島，中国の海南島で，熱帯性の海草種であるウミショウブ Enhalus acoroides (L.F.) Rich. ex Steud.，リュウキュウスガモ，ベニアマモ，リュウキュウアマモ Cymodocea serrulata (R.Br.) Asch. et Magnus，シオニラ（ボウバアマモ Syringodium isoetifolium (Asch.) Dandy）の5種を対象に，遺伝マーカーの開発および集団の遺伝構造の解明に関する研究を精力的に行っている．筆者らの研究室で得られた知見の一部を紹介する．上記3カ国の計47地点で採取したウミショウブを対象に集団遺伝学的解析を行った．その結果，ウミショウブは地点ごとに遺伝的に大きく分化し，海域間の遺伝的な交流がまれであることが判明した．しかし，黒潮が北赤道海流と分岐し北上する起点に位置するフィリピン東側と南西諸島の南部に位置する八重山諸島は遺伝的に比較的近いこと，わずかながら黒潮の流れと同じパターンで集団間の遺伝的交流が見られることが判明し，長いタイムスケールにおける海流の流れに従った分散パターンの存在が明らかとなった．リュウキュウスガモにおいても，フィリピン全域において集団間で大きな遺伝的分化が見られるものの，その分化パターンは北赤道海流のパターンに従って大きく2つに分かれるという，遺伝子流動のパターンと海流パターンとの間に相関が見られた．

　2010年に名古屋で行われた生物多様性条約COP10において世界目標（通称：愛知ターゲット）の1つとして「2020年までに海洋の10％を海洋保護区に制定することなどで保全する」ことが採択され，海洋保護区の制定が急務となっている．生態系多様性を考えた場合，海草藻場もまた保護区に加えて適切な維持管理を目的とした保全を行う必要がある．そのためにも，保全が急務な海域の優先順位を把握する必要がある．筆者らが行っている研究の成果は，種子分散が制限されて攪乱後の回復が期待できない地点や遺伝的多様性が低く攪乱時のストレスが大きい海域を特定し，海洋保護区のネットワークを構築するうえで真価を発揮するであろう．

8.5　集団の遺伝子解析と生物資源管理の今後

　現在，遺伝子レベルでの生物多様性の保全と管理が注目されつつある．近年の遺伝子解析手法の革新的な発展が，遺伝子レベルでの生物多様性の保全

や管理に大きく貢献しているといえよう．対象地域で生物を網羅的にサンプリングし，GIS（地理情報システム）を活用して遺伝マップを作成することにより，対象地域に生息する生物の遺伝的多様性や特定の遺伝子型の分布を把握することができるとともに，平均気温や日射量，汚染物質の濃度のような環境要因のデータを重ね合わせて考察することができ，保全や管理に用いることができる．遺伝マップをデータベースとして一般公開することで，研究者だけではなく保全に関わる現場の技術者や生態系保全に興味のある一般の人々がデータを利用することも可能となる．有用な生物種の過剰利用の有無，外来種による遺伝子攪乱の程度，人為的な移植による遺伝資源の攪乱の有無などを把握することができ，早急な保全策の立案や保全手法の確立が容易になるであろう．

引用文献

Adachi, N., T. Terashima and M. Takahashi. 1996. Central die-back of monoclonal stands of *Reynoutria japonica* in an early stage of primary succession on Mount Fuji. Annals of Botany, 77：477-486.

相生啓子．1998．日本の海草——植物版レッドリストより．海洋と生物，20：7-12.

Chiba, N. and T. Hirose. 1993. Nitrogen acquisition and use in three perennials in the early stage of primary succession. Functional Ecology, 7：287-292.

Dow, B. D. and M. V. Ashley. 1996. Microsatellite analysis of seed dispersal and parentage of saplings in bur oak, *Quercus macrocarpa*. Molecular Ecology, 5：615-627.

Duarte, C. M. and C. L. Chiscano. 1999. Seagrass biomass and production：a reassessment. Aquatic Botany, 65：159-174.

Ge, X. J. and M. Sun. 1999. Reproductive biology and genetic diversity of a cryptoviviparous mangrove *Aegiceras corniculatum* (Myrsinaceae) using allozyme and intersimple sequence repeat (issr) analysis. Molecular Ecology, 8：2061-2069.

Geng, Q. F. 2008. Genetic diversity and reproductive characteristics of dominant mangrove species in the coastline of South China. Ph.D. thesis. The University of Tokyo, Tokyo.

Geng, Q. F., C. L. Lian, S. Goto, J. M. Tao, M. Kimura, M. D. S. Islam and T. Hogetsu. 2008. Mating system, pollen and propagule dispersal, and spatial genetic structure in a high-density population of the mangrove tree *Kandelia candel*. Molecular Ecology, 17：4724-4739.

Gonzalez-Maritinez, S. C., J. Burczyk, R. Nathan, N. Nanos, L. Gil and R. Alia. 2006. Effective gene dispersal and female reproductive success in Mediterranean maritime pine (*Pinus pinasteraiton*). Molecular Ecology, 15：4577-4588.

井鷺裕司．2001．マイクロサテライトマーカーで探る樹木の更新過程．（種生物学会編：森の分子生態学――遺伝子が語る森林のすがた）pp. 59-84. 文一総合出版，東京．

Islam, M. S., C. L. Lian, N. Kameyama and T. Hogetsu. 2012. Analyses of genetic population structure of two ecologically important mangrove tree species, *Bruguiera gymnorrhiza* and *Kandelia obovata* from different river basins of Iriomote Island of the Ryukyu Archipelago, Japan. Tree Genetics & Genomes, 8：1247-1260.

Lian, C., K. Nara, H. Nakaya, Z. Zhou, B. Wu, N. Miyashita and T. Hogetsu. 2001. Development of microsatellite markers in polyploidy *Salix reinii*. Molecular Ecology Notes, 1：160-161.

Lian, C., R. Oishi, N. Miyashita, K. Nara, H. Nakaya, B. Wu, Z. Zhou and T. Hogetsu. 2003. Genetic structure and reproduction dynamics of *Salix reinii* during primary succession on Mount Fuji, as revealed by nuclear and chloroplast microsatellite analysis. Molecular Ecology, 12：609-618.

Lian, C. L., S. Goto, T. Kubo, Y. Takahashi, M. Nakagawa and T. Hogetsu. 2008. Nuclear and chloroplast microsatellite analysis of *Abies sachalinensis* regeneration on fallen logs in a sub-boreal forest in Hokkaido, Japan. Molecular Ecology, 17：2948-2962.

Maguire, T. L., P. Saenger, P. Baverstock and R. Henry. 2000. Microsatellite analysis of genetic structure in the mangrove species *Avicennia marina* (forsk.) vierh. (avicenniaceae). Molecular Ecology, 9：1853-1862.

Moritz, C. 1994. Defining 'evolutionary significant units' for conservation. Trends Ecology & Evolution, 9：373-375.

Nara, K. and T. Hogetsu. 2004. Ectomycorrhizal fungi on established shrubs facilitate subsequent seedling establishment of successional plant species. Ecology, 85：1700-1707.

Nei, M. and S. Kumar. 2000. Molecular Evolution and Phylogenetics. Oxford University Press, New York.

大場達之・宮田昌彦．2007．日本海草図譜．北海道大学出版会，札幌．

Orth, R. J., T. J. B. Carruthers, W. C. Dennison, C. M. Duarte, J. W. Fourqurean, K. L. Heck, Jr., A. R. Hughes, G. A. Kendrick, W. J. Kenworthy, S. Olyarnik, F. T. Short, M. Waycott and S. L. Williams. 2006. A global crisis for seagrass ecosystems. BioScience, 56：987-996.

Pritchard, J. K., S. M. Matthew and P. Donnelly. 2000. Inference of population structure using multilocus genotype data. Genetics, 155：945-959.

白山義久・桜井泰憲・古谷研・中原裕幸・松田裕之・加々見康彦編．2012．海洋保全生態学．講談社，東京．

Short, F., T. Carruthers, W. Dennison and M. Waycott. 2007. Global seagrass distribution and diversity：a bioregional model. Journal of Experimental Marine Biology and Ecology, 350：3-20.

津村義彦．2001．プロローグ——遺伝的多様性研究ガイド．（種生物学会編：森の分子生態学——遺伝子が語る森林のすがた）pp. 158-169．文一総合出版，東京．

Zhou, Z., M. Miwa, K. Nara, B. Wu, H. Nakaya, C. Lian, N. Miyashita, R. Oishi, E. Maruta and T. Hogetsu. 2003. Patch establishment and development of a clonal plant, *Polygonum cuspidatum*, on Mount Fuji. Molecular Ecology, 12：1361-1373.

コラム

外来樹種ニセアカシアの分布拡大経路を遺伝子から推定する

ニセアカシア *Robinia pseudoacasia* L.と聞くと蜂蜜や白い可憐な花を思い浮かべる方が多いのではないだろうか．河原や公園でもなじみのあるこのマメ科の落葉高木は，じつは北アメリカ原産の外来樹種である．日本には1873年に導入されて以来，荒廃地の緑化樹，砂防林，街路樹として国内の各地に植栽されてきた．また，甘い香りを放ちながら大量に咲く花は，良質で安定的な蜜源として養蜂家に利用されている．その一方で，近年では植栽地から逸出し河畔・海岸域を中心とした分布拡大が問題視される樹木でもある．植栽地から逸出し，新たに定着したニセアカシアは瞬く間に純林を形成して在来種の生育地を占有するため，希少種を含めた在来種を駆逐する恐れが指摘されている．一度定着すると伐採しても根元からの萌芽や根萌芽など旺盛な栄養無性繁殖で個体を維持するため，侵入地での除去が難しい一面がある．

このため，ニセアカシア林を効率的に管理するには，新たな個体群を定着させない，つまり種子の進入，発芽，定着の一連の過程を阻止することがもっとも重要であるといえる．では，ニセアカシアの種子はいったいどのような経路を経て，植栽地から逸出し，分布域を拡大しているのだろうか．ニセアカシア個体群の分布は広範囲にわたるため，散布された種子を直接追いかけるのは至難の業である．また，種子が発芽定着し，新たな個体群を形成するまでには時間もかかる．このように，長命で生育地が広範囲にわたる樹木個体群の分布拡大過程を直接観測することは難しい．近年ではこれを知る手がかりとして，マイクロサテライトマーカーなどに代表される遺伝マーカーを用いた遺伝子流動解析が行われている．遺伝的多様性や遺伝的特徴の集団間での違いから分布変遷を推定するのである．国内での報告の多くは在来樹種を対象としたものだが，この方法をニセ

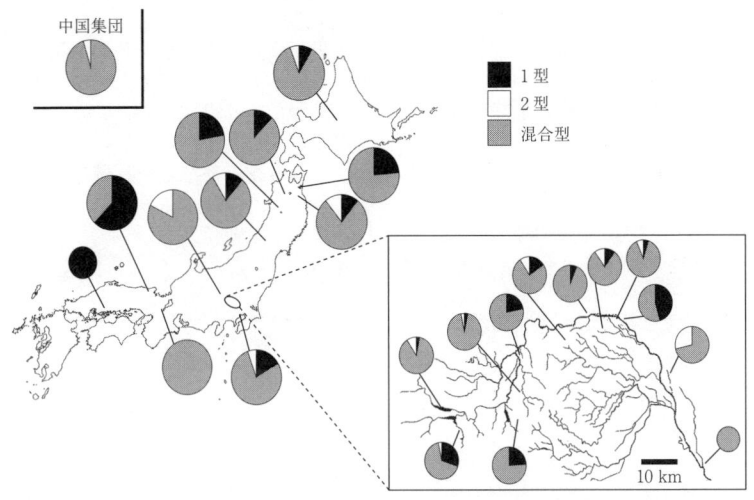

図1 各個体群における推定祖先集団型の割合．いずれの集団も推定祖先集団個体群1型と2型が混合した個体の割合が高く，その組成には地理的な偏りは見られない．

アカシアに用いることで，導入後の分布拡大について考えることにした．調査は最近の分布拡大過程を考慮した流域スケール（荒川流域，秩父−浦和に成立する12個体群486サンプル）と，植栽地からの逸出の影響を考慮した全国スケール（北海道，青森，秋田（3個体群），山形，長野，東京，兵庫，鳥取，広島の11個体群367サンプル，中国の1個体群35サンプル）の2つのスケールで行った．

まずは種子散布による遺伝子流動の方向性を探るため，母系遺伝をする葉緑体マイクロサテライト5遺伝子座を用いてハプロタイプを調べ，その組成を個体群間で比較した．荒川流域の12個体群では個体群あたり平均6-8タイプ，計20タイプが確認された．最上流に位置する，もっとも古くに植栽された個体群で見つかった11タイプのほかに，さらに9タイプが下流の個体群で確認されたことから，流域への植栽は複数の種苗元から数回にわたって行われたと考えられる．また，頻度は異なるものの上流の4個体群に存在した計17タイプは下流の個体群でも確認されており，河川によって上流から種子が散布された可能性が示された．日本全国24集団853サンプルについて葉緑体のハプロタイプを調べたところ，21タイプが検出された．21タイプは大きく3つのグループに分かれたが，在来樹種で報告されているように各グループが地理的に近い集団で集中するような傾向は見られず，たとえば北海道と鳥取のように異なる地域であっても共通のハプロタイプが確認された．また中国の個体群のハプロタイプも日本と共通のハプロタイプのみが確認された．これらの結果は，限られた起源のニセアカシア個体群をもとに全国的，世界的に植栽した可能性を示している．

次に種子散布と花粉流動の両方の動きを反映する核マイクロサテライト6遺伝子座の遺伝子型データから，日本に導入した祖先個体群の数を推定した．その結果，推定された個体群数は2個

体群であったが，多くの解析個体は2つの祖先個体群の要素を混合して保持しており，現在成立しているニセアカシア個体群の遺伝構造に地理的な偏りは見られなかった（図1）．つまり，日本に導入されたニセアカシア個体群は2個体群を由来としているが，現在の種苗に至るまでに2個体群間の遺伝的な交流は進んでいるものと考えられた．

遺伝マーカーを用いた解析から，日本国内のニセアカシアの遺伝構造には，種苗の移動と河川を介した植栽地からの逸出が影響を及ぼしている可能性が示された．外来樹種ニセアカシア個体群の効率的な管理のためには，種子源となる現在成立している個体群に着目しながら，流域全体を見すえた方策が必要であるといえる．

　　　　　　　　　　　木村　恵

第 III 部
生物資源の持続的利用

第9章　　　　　　　　　　　　　　　　　　　　　　鴨下顕彦
農業生産システムを選択する
―― 地域農学の視点

9.1 農業生産システムを規定するもの

(1) 農業生産システムと農業生態系

　モンスーンの影響を受け，温暖な気候の東アジアから南アジアにかけての地域は，植物生産力が高く，古くから人口稠密地帯である．世界人口が10億人を超えたのは1800年ごろと推定されているが，その約3分の2はアジアの人口であった．また20世紀からの人口爆発もアジアで著しく，1950年に約14億のアジア人口は，2000年に2.6倍の37億まで増加し，2050年には50億を超すと予想されている．人口密集地域であるアジアでどのような農業生産を選択するかは，世界的にも重大な影響を及ぼす．本章では，アジアの農作物の中でもっとも基幹となるイネに注目して，農業生産システムについて解説をしながら，アジアの稲作の多様性と研究技術開発の例を紹介する．

　農業生産システムは，食料を求める個人や社会の必要に応えるために構築され，経済的な合理性や，自然条件に強く影響されながら，歴史的に発展してきたものである．生産のアウトプットは，穀物，豆類，いも類，野菜，果物，花，繊維，油糧，薬，バイオマス，飼料などである．生産システムが稼働するのは，通常は屋外の相当の面積の土地においてである．長い歴史をもつアジアでは，その土地は村などの地域社会の一部である．農業は生業として地域の生活・文化圏の中で発展してきたため，農業生産システムには，目的とする農業生産以外にも，副次的な多様な役割（農業の多面的機能，9.4節参照）をもっていることが多い．一方，新大陸の農業生産システムは，一

般的に農家あたりの耕作面積がより広く企業的に経営されており，工業生産と類似性が高く，経済効率を上げることに明確な重点がある．

　農業生産システムが稼働している地域や土地の自然環境を農業生態系という．農業生態系は，生態系としての生物間相互作用や物質循環をもつが，海洋や森林などの生態系とは異なり，農業生産のために人間が資材やエネルギーを投入して管理している．農業生態系は，通常，耕され肥料や農薬が投入されるため，地形の微小差異や土壌肥沃度の空間的な不均一性（ヘテロ）は補正され，生物多様性は低下し，自然生態系より等質な（ホモ）環境になる．

(2)　土地利用と収量

　農業生産システムでは，生産物の生産量は，収穫面積と収量によって決まる（式(A)）．生産量，収穫面積，収量を比較することで，生産システムの特徴を理解できる．収穫面積は，農業生態系の広さであり，どの作物をどれだけ作付けするかという土地利用の仕方を示す．収量は，面積あたりの生産量であり，技術レベルや生産性の指標である．

　　　農業生産量＝収穫面積×収量　　　　　　　　　　　(A)
　　　収穫面積＝作付面積－被害面積　　　　　　　　　　(B)

　気象災害や病虫害によって，生育に甚大な被害を受けることもあるため，収穫面積は作付面積から作物が生育できずに枯死した被害面積を除いたものになる（式(B)）．たとえば，2011年の8月から10月にかけて，タイとカ

図9.1　カンボジアの深水水田での洪水被害．通常年（2008年，左）は水深約2mでイネが水面から1m程度出ている．大洪水年（2011年10月，右）は一部の葉先だけ見えているが，このあと完全に水没し，11月下旬まで湖状態となった．

ンボジアで記録的な大洪水が起こったが，カンボジアの北西部のサンカエ地区の水田では作付面積3万3000 haのうち，約半分の面積で被害を受け，そのうち冠水により枯死したイネの被害面積は1万haにも及び，収穫面積は2万3000 haのみ，という深刻な被害が発生した（図9.1）．

　一般的に生産量の大幅な低下は，食料不足に伴うさまざまな問題を引き起こす．たとえば，21世紀初頭のオーストラリアの旱魃，アメリカ西部の熱波，ミャンマーのサイクロンなどによる主要輸出国での生産低下が引き金となり，食料へ巨額な資金が投資され，各国の輸出禁止措置と相まって，2007-08年の食料価格の高騰と世界各地での暴動が起こった（樋口，2008）．農業生産を増やすには，①開墾などにより作付面積を増やす，②気象そのほかの災害による被害面積を減らし，収穫面積を大きくする，③収量を増やす，という方法がある．

(3) 環境・遺伝子・栽培

　生物の生育や生産は遺伝要因と環境要因によって規定されているが，農業生産システムにおけるユニークさは，そこに栽培要因が密接に関係していることである．どのような遺伝的背景をもつ品種を使うかは，栽培方法の選択肢の1つである．また，たとえば耕耘という栽培方法によって，自然の土壌環境が改変されて，作物が生育しやすい二次的な環境が形成される．農業生産システムにおいては，栽培要因は非常に重要であるため，収量は，環境要因，遺伝要因，栽培要因によって規定されるといってよい（式(C)）．

$$収量 = f[環境，遺伝，栽培] \tag{C}$$

　収量は，温度や日長などの気象環境，光合成のエネルギー源である日射量，降水量や土壌の保水力などの水環境，土壌肥沃度や土層などの土壌環境によって大きく変化する．地球温暖化のような長期的な気象環境の変化が農業分野でも重大な関心を呼んでいるのは，それが収量に相当の影響を及ぼすことが懸念されているからである．また，気象条件の年次間差による収量の変動は，日本の水稲では，作柄の良し悪しを表す指標として標準値に対するその年の収量の相対値（％）で算出される作況指数から把握できる．最近の20年では冷害年を除けば96-109%の幅で変動しているが，1993年と2003年の冷害年ではそれぞれ74%，90%まで下がった（www.reigai.affrc.go.jp/zuse

tu/zusetu.html). 亜熱帯や熱帯では低温による問題は少なくなるが，雨の降り方により収量の年次変動が大きくなる．また，河川の氾濫などで堆積された沖積土（たとえばグライソル）や，有機物を多く含むチェルノーゼムと呼ばれる黒土は，肥沃度が高く，多収を達成しやすいため，これらの土壌が分布する地域は，イネ *Oryza sativa* L., コムギ *Triticum aestivum* L., トウモロコシ *Zea mays* L. の世界的な大生産地帯と重なっている．もう少し小さいスケール，たとえば1村落の中の1 km^2 程度の面積の範囲でも，圃場の土壌の特性（有機物の量，陽イオン交換容量など）は，微地形の差異によってばらつきがある．このため同じ村落の中でも，圃場ごとの土壌や水環境の違いのため，収量が大きくばらつくことがある．

　どのような品種を使うのかも収量に大きな影響を及ぼす．過去にも，半矮性遺伝子を導入したイネやコムギの品種や，アメリカのトウモロコシのハイブリッド品種が，収量の大幅な向上に貢献している．品種単独ではなく，栽培方法も適切に改良されることによって，改良品種は多収化に多大な効果を発揮した．1960–80年代の西日本での水稲の増収について（5.0→5.5 t/ha），品種改良単独の効果は12–20％程度だが，栽培技術と品種の改良の相乗効果は80％と大きい（長谷川・堀江，1995）．一方，1980–2010年の中国での水稲の増収については（4.2→6.6 t/ha），品種改良単独の効果は39％とより大きい（Yu *et al.*, 2012）．

　日本で1949年から1968年まで行われた米作日本一表彰事業は，栽培技術が多収のためにいかに重要であるかを示している．籾収量にして9 t/ha以上，年によっては12 t/ha以上もの高収が記録されているが，深耕，有機物施用，間断灌漑など，土作り，施肥，水管理に関する優れた技術が，記録的な多収を出した篤農家に共通する要素だとされている．また，肥料の散布や，除草，害虫の防除などを適切な時期に行うことも，多収を達成するうえで重要である．

　環境と品種と栽培管理の間には，交互作用も起こりうる．2つの品種の収量の差が，環境や栽培条件によって異なってくる場合，交互作用がある，という．表9.1には，品種・栽培交互作用の例を示した．カンボジアの在来種クモロミアンと，カンボジア農業開発研究所で開発された改良品種プカルンドゥルは，無肥料の天水田（後述）では収量に差はないが，推奨量の肥料

表9.1 肥料の有無による改良品種と在来種の収量（t/ha）の変化．品種・栽培交互作用の例（鴨下，未発表データ）．

品　　種	肥　　料	
	無	有
改良品種（プカルンドゥル）	1.3	2.6
在来種（クモロミアン）	1.2	1.7

（窒素，リン酸，カリウムをそれぞれ28, 10, 40 kg/ha）を施用すると，改良品種のほうがより大きく増収した．

開発途上国での農業生産システムにおける1960年代からの画期的な多収技術の開発は，「緑の革命」として知られている．緑の革命では，ノーベル賞受賞者のノーマン・ボルグ博士や日本国際賞受賞者のグルデブ・クッシュ博士など育種家と呼ばれる研究技術者が重要な役割を果たした．ここで重要なことは，彼らは品種が利用される現場環境やターゲットとなる農家の栽培技術をよく知り，現場環境を意識しながら遺伝子型を選抜して成功をおさめたということである．現在は，バイオテクノロジーがさかんで，遺伝的な改良の可能性が注目を浴びる傾向があるが，農業生産の現場で多収化を達成するには，研究開発の最初の段階から，現場の環境や実際の栽培方法を理解して，現場環境に適合する遺伝子型を選抜することが必要である．

(4) ポテンシャル収量と実収量

通常，国や地方自治体ごとに，そこでの収量の平均値が統計として整理されている．その値は，その地域の環境における農家の平均的な技術レベルを表している実収量という．ところで，農家ごと，あるいは圃場ごとに収量調査をすると，統計の収量の値よりも高いところもあれば低いところもある．これは，圃場ごとの地形や土壌環境の微細な違いのため，また農家ごとの技術レベルの差異のためである．地域の最高の収量のことを，その地域での達成可能収量という（稲村，2005）．篤農家の優れた技術により到達可能な収量である．また，研究者がこれまでにない多収品種をデザインし育種することに成功したとすると，その品種が，ストレスを受けずに最良の条件で生育した場合に到達できる収量のことを，ポテンシャル収量という．ポテンシャル

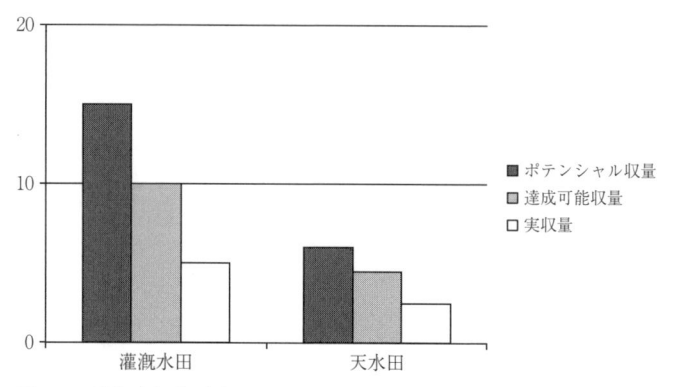

図9.2 灌漑水田と天水田でのポテンシャル収量，達成可能収量，実収量 (t/ha) の概念図.

収量は，作物生産モデルに気象条件と品種の遺伝的特性のパラメータを入力して算出されるが，イネの場合この値が 15 t/ha になるのか 20 t/ha になるのか，見解は 1 つではない．モデルによる予測はモデルの精度によるが，結局，試験場や農家での最大収量（達成可能収量）によって検証されなくてはならない．イネの達成可能収量は地域によっても異なるが，オーストラリアで 11 t/ha，日本の研究機関で 11 t/ha，中国のハイブリッド育種において目標 12 t/ha（www.china.org.cn/english/scitech/43503.htm）という数字が出されている．達成可能収量はポテンシャル収量よりも低く，灌漑水田（9.2節(2) 参照）では約 10 t/ha，天水田では約 5 t/ha 程度であろう（図9.2）．実収量は灌漑水田では約 5 t/ha，天水田では約 2.5 t/ha である．

9.2 アジアの稲作

(1) 生産統計

イネはコムギ，トウモロコシと並んで世界で広く生産・消費されている三大作物の 1 つであり，アフリカや中南米でも作付けが広がっている．量的には，アジアで圧倒的に多く，世界の米の 90% 以上が生産され（籾重量で 6億 739 万トン，2010 年データ），88% がアジアで消費されている．表9.2 に

表9.2 アジア米生産国における稲の収穫面積,収量,生産量(2010年の値,FAOSTAT).

国(地域ごとに生産量の多い順)	収穫面積(千ha)	順位	収量(t/ha)	順位	生産量(千トン)	順位
東アジア						
中国	30117	2	6.5	2	197212	1
日本	1628	11	6.5	3	10600	9
大韓民国	892	14	6.5	4	5804	12
朝鮮民主主義人民共和国	570	17	4.3	8	2426	17
東南アジア						
インドネシア	13244	3	5.0	7	66412	3
ベトナム	7514	7	5.3	5	39989	5
ミャンマー	8052	6	4.1	10	33205	6
タイ	10990	5	2.9	25	31597	7
フィリピン	4354	8	3.6	15	15772	8
カンボジア	2777	9	3.0	24	8245	10
ラオス	870	15	3.5	16	3006	15
マレーシア	674	16	3.8	14	2548	16
東チモール	37	25	3.1	21	113	25
ブルネイ	1	30	1.3	30	1	30
南アジア						
インド	36950	1	3.3	19	120620	2
バングラデシュ	11800	4	4.2	9	49355	4
パキスタン	2365	10	3.1	22	7235	11
スリランカ	1060	13	4.1	12	4301	13
ネパール	1481	12	2.7	27	4024	14
イラン	564	18	4.1	11	2288	18
アフガニスタン	200	19	3.4	18	672	20
ブータン	22	26	2.8	26	62	27
西アジア						
トルコ	99	20	8.7	1	860	19
イラク	48	24	3.2	20	156	23
アゼルバイジャン	2	29	2.4	28	4	29
中央アジア						
カザフスタン	94	21	4.0	13	373	21
ウズベキスタン	61	23	3.4	17	207	22
トルクメスタン	65	22	2.2	29	145	24
タジキスタン	15	27	5.2	6	77	26
キルギスタン	7	28	3.0	23	21	28
アジア全体						
	136551		4.4		607328	

アジアの米生産国 30 国のイネの生産量，収穫面積，収量を，それぞれの順位とともに示した．生産量は，中国が 1 位，インドが 2 位で，インドネシア，バングラデシュ，ベトナムと続き，日本は 9 位である．東南アジア諸国が 10 位までに多く入っている．収穫面積で見ると，二期作が可能なインドが 1 位で，中国が 2 位，インドネシア，バングラデシュ，タイ，ミャンマーと続き，日本は 11 位である．収量は，アジアではトルコが 1 位となっているが (8.7 t/ha)，世界全体で見ると，オーストラリア (10.8 t/ha)，エジプト (9.4 t/ha)，スペイン (7.6 t/ha)，アメリカ (7.5 t/ha)，ペルー (7.3 t/ha)，ウルグアイ (7.1 t/ha)（いずれも 2010 年のデータ）が高い．これらの国の稲作地帯は比較的乾燥した中緯度地域にあり，日射量が多く，十分な生育期間が確保でき，集約的な灌漑栽培により，湿潤で曇天の日も多い東アジア，東南アジア，南アジアの稲作よりも高い収量が得られるのである．アジア地域の中では，東アジアの収量が高く，日本は中国，韓国とほぼ並んでの 3 位である (6.5 t/ha)．これらの国に続いているのが，東南アジアでは多収品種を導入し増収政策を強力に実行したベトナムとインドネシアと，中央アジアのタジキスタンで，5 t/ha 以上を記録している．逆にアジアで米を主食としている国の中で収量が低い国は，ネパール，ブータン，タイ，カンボジアで，3 t/ha にやっと届くか 2 t/ha 台である．タイやカンボジアはコメの輸出国としても重要であるが，次項で述べるように，灌漑のない天水田で稲作を行っているため，収量が低いのである．

(2) 稲作生態系

一口に稲作といってもいろいろあり，とくに地域による多様性が大きい．たとえば，北海道の稲作は本州以南よりも冷害のリスクが高く，短い夏の高温を利用して，感温性の強い早生品種が作付けされている．本州以南でも，東日本の稲作は，西日本の稲作より冷害のリスクは高いため，耐冷性の高い品種の利用や，冷害に強い米作りが行われている．逆に，夏期の高温障害は西日本の稲作でより大きな課題となっている．また地形的には，山間地の棚田のような水田もあれば，扇状地の水田，河川流域の沖積平野の水田もある．日本では水稲とは統計上は別扱いされるが，北関東や南九州に多く分布していた陸稲の畑も，稲作生態系の 1 つである．

中国の稲作は1万年以上前に，揚子江中下流域の，江西省や湖南省の焼畑陸稲栽培で始まったと見られる．水田遺跡は揚子江下流で発見されており，約6000-7000年前と推定されている．中国の稲作は，気候帯は熱帯，亜熱帯，温帯にまたがり，作期で分けると，二期作地帯の一期目のイネ（2-4月栽植～6・7月収穫），二期目のイネ（一期目収穫後栽植～10-11月収穫），一期作地帯のイネ（3-6月栽植～9-11月収穫）の3パターンがある．中国の稲作は6つの地帯に分けられており，主要なのは，華中・華東の揚子江流域，西南の雲南，華南の3つの地帯で，インディカ米といわれる長粒種やハイブリッドライスが多く作られ，中国の米の80%を生産している．ハイブリッドライスとは，2つの異なるイネを交配して得られる雑種のことで，F_1とか一代雑種ともいわれるが，交配親の組み合わせによっては，旺盛な生育を示して収量が高くなる．なお最近は，中国の東北地方でジャポニカ米といわれる短粒種の生産も急増している．

東南アジアや南アジアでは，稲作生態系はより多様である．フィリピンにある国際稲研究所では，稲作生態系を，水利条件により，灌漑水田，天水田，洪水頻発水田，陸稲畑に4分している（鴨下, 2009）．灌漑水田は用水路や排水路などの灌漑のための施設があり管理が行われている水田である．日本や東アジアの国は灌漑水稲作が高度に発達している．天水田は雨水にのみ依存している水田のうち，次の洪水頻発水田を除くものである．畔を作るので雨が十分降れば水はたまるが，灌漑設備がないので，雨不足の場合水がたまらない状態で田植えをすることもある．インドシナ半島，東インドに多く，北フィリピンのルソン島北部，ネパールなどにも見られる．洪水頻発水田は，水深が50 cm以上になる期間が1カ月以上あるか，あるいは，最大水深が1 m以上，ところによっては2 m，3 mにも達する．深水水田とも呼ばれ，浮稲が栽培されることもある（図9.1）．陸稲畑とは，コムギやトウモロコシのようにイネを畑で栽培している生態系のことで，アジアではラオスやインドネシアやインドの山間地に分布しているほか，アフリカや南米にも見られる．また，このほかに，インド西岸ケララ州の水郷地帯のように，海岸付近に分布している潮汐水田を独立のグループとする分け方もある．アジアでは灌漑水田，天水田，洪水頻発水田，陸稲畑は，それぞれイネの全収穫面積136万ha（表9.2参照）のうちの，約60%，30%，3%，7%を占める（www.

asahi-net.or.jp/~it6i-wtnb/INE/Ine.html）．

9.3 稲作改良のための研究技術開発

アジアの稲作技術は，古くから多くの農民によって，その地域に適合するものとして発展してきた．しかし，化学肥料や改良品種など近代科学の成果がない状況では，特別の優れた技術をもつ篤農家を除けば，大多数の普通の農家が，現在の水準のような生産性（アジア平均収量4.4 t/ha；表9.2）を達成することはできない．以下にアジアでのさまざまな稲作研究の一端を紹介するが，これらは，技術によって，食料生産や生態系管理と農村振興に関わる問題に対処し，今後の人類や環境に予想される変化や事態によりよく対応することを目指している．

(1) 人口増加と食遷移と多収化の研究

世界人口は2050年に93億，2100年には101億と予測されている（esa.un.org/unpd/wpp/index.htm）．2050年までに現在70億人に加えて23億人分の食料生産を増やす必要がある．過去50年の間に，農業生産は2.5-3倍増加したが，耕地面積の増加は12%程度であった（www.fao.or.jp/detail/article/795.html）．簡単に開墾できる農地はますます少なくなっているため，多収化が求められるが，1990年代以降，穀物収量の増加が鈍化していることも懸念されている．さらに，経済成長に伴い，食生活が変化して動物性タンパク質の摂取量は増加しているが（食遷移），そのためには，畜産のための飼料生産の土地を拡大しなくてはならず，いっそうの多収化が求められる．

そこでまず第一に，ポテンシャル収量（図9.2）を上げる品種開発の研究がある（Khush, 2001）．1960年代の緑の革命では，半矮性で穂数の多い草型の品種の開発によって伝統的な背の高い草型の品種よりも多収を実現したが，1990年代から，ニュープラントタイプと呼ばれる，熱帯ジャポニカを交配親に使い，茎が太く穂が大きい新しい草型の品種の開発が進められている（Peng *et al.*, 2008）．第1世代のニュープラントタイプは不稔が多かったが，現在の第2世代ではその欠点も改良されてきた．また，中国で袁隆平博士らによって1960年代から始められたハイブリッドライスの開発についても，

9.3 稲作改良のための研究技術開発　175

さらなる多収化の育種が進められている．

また第二に，実収量と達成可能な収量の差（ギャップ）（図9.2）を縮小する研究がある．その地域の普通の農家の技術レベルを，篤農家が達成できる，より高いレベルに引き上げることができるように，土作り，圃場整備，施肥管理，病虫害管理，収穫後の収穫物の適正管理（ポストハーベストテクノロジーといわれる）など，栽培方法を改良し普及することである．

(2) 都市化・産業化と省力栽培の研究

2012年現在，アジアの約40億の人口のうち，約半分が農林水産業の世帯であり，経済活動人口約20億のうち約半分が農林水産業従事者である（www.stat.go.jp/data/sekai/04.htm）．農村人口はピークを迎えており，都市人口が急増し，2025年ごろには農村人口を上回ると推定されている（Pinstrup-Andersen, 2004）．より少ない農業従事者で農業生産を担うことができれば，ほかの産業の発展を促すことができる．まず，パワーティラーという手押しで耕起する二輪駆動のプラウ（鋤），簡易除草機，手刈りした穂の束を脱穀する脱穀機など，現地に適合する機械の開発である．また，人海戦術による

図9.3　簡易畝立て機（下）による省力多収畝立て栽培の提案（左上）．慣行は散播栽培（右上）．畝間の除草は簡単であり，生育が均一になり多収となる．

苗取りや田植えではなく，籾を直接圃場に播く直播栽培技術の開発も，労働生産性を改善する省力栽培技術の例である．マレーシア，タイ，ベトナムのメコンデルタなどで，1980年代後半から直播栽培への転換が進んだ．ただし直播栽培では，苗立ち，倒伏，雑草管理が課題となり，移植栽培より減収する場合が相当見られる．筆者の研究チームでは，東北タイにおいて，現地で人気のある散播に対して，散播後に通常行われているハロー（土を細かく砕くことを指すが，東北タイでは，これにより圃場をより平らにならし播かれた種子を軽く覆土する）の代わりに，30-40 cm程度の一定間隔で，軽く畝立てをして，畦間の溝の部分の土と種子を畝の部分に寄せるため，散播のように乱雑ではなく，畝に添って太目のすじ状に規則的にイネが栽植される方法（省力多収畝立て栽培）を提案した（図9.3）．農家圃場で行った実証試験では，新規栽培法により雑草管理が容易になり，より高い収量を達成した．この方法はプロジェクトが終了した後にも現地で活用された．

(3) 気候変動や極端気象に適応・対処する研究

メコン川，チャオプラヤー川，イラワジ川，ガンジス川など，東南アジア，南アジアの大河の下流とデルタ地域は一大穀倉地帯である．しかし，温暖化による海面上昇，サイクロンや高潮，海水の河川や水路への流入（塩水遡上）により，打撃を受けることが懸念されている（Wassmann *et al.*, 2009）．海面上昇や塩水遡上に対しては，堤防や水門管理のほか，稲作の作期をずらしたり，作付体系を変えたりする対処法が考えられている．また，気候変動に対する農業生産における適応策の1つとして，耐塩性，耐乾性，耐暑性などの環境ストレス耐性の高いイネの品種開発も進められている．さらに，大気中の二酸化炭素の増加がイネの光合成や収量形成にどのような影響を及ぼすかを明らかにするために，人工的に二酸化炭素濃度を高く設定した特別な圃場で，いわゆるFACE（Free-Air CO_2 Enrichment）プロジェクト研究が，日本，中国などで進められている（www.niaes.affrc.go.jp/outline/face/index.html）．

稲作の栽培方法は温暖化ガスの発生にも関係する．水田は湛水され嫌気的な状態になるため，相当量のメタンが発生している．とくに堆肥などの有機物を多投して，常時湛水にしておくと，その発生量は多い．また，間断灌漑

のように水田が湛水状態から非湛水状態になると，亜酸化窒素の発生が増加する危険がある（木村・登尾，2011）．次期作の耕起を容易にするために，農家はしばしば収穫後圃場に残るわらなどの残渣を燃やすが，当然二酸化炭素が発生する．これらは，稲作の外部不経済性ともいえる．有機物の投入量や水管理方法，作物残渣処理方法を改変することで，温暖化ガスの発生を抑制することは可能であるが，このような栽培方法の導入の仕方については，関係者の間での協議が必要になる．

(4) 流通向けの生産技術の開発

農村の経済発展のためには，市場性のあるコメの生産技術が求められる．総じてコメの輸出量（2117万トン，2009年）と輸出額（147億ドル）は増加しており，今後も世界的に消費拡大が予想されている．東南アジアは，コメの輸出基地であり，世界第1位のタイ（861万トン），第2位のベトナム（341万トン）が並び（いずれも2009年），カンボジアやミャンマーも，高い輸出ポテンシャルがある．しかし，コメの市場化のためには，消費者の嗜好性に合わせることや，異品種の混入を防止すること，衛生的な品質管理をすることが必要である．ジャスミンライスと呼ばれるカオドマリ105 (Khao Dawk Mali 105) という長粒の香り米の品種は，半矮性の改良品種よりも収量ポテンシャルは低いが，天水田環境への適応性が高く，東北タイでは広く栽培されており，その安定多収化の研究が進められている．カンボジアでは，簡易乾燥機の開発により，道路や庭先で乾燥させた籾を集める従来のやり方よりも，大量の籾を安全に乾燥させ貯蔵することが可能になり，国内や国外への米の流通が促進されている．

(5) 天水田での技術開発

天水稲作地域では，緑の革命のような画期的な技術革新は起こらなかったため，そこでの研究はあまり知られていない．収量も低いため，経済発展も遅れている場合が多い．このような地域で技術開発が成功すれば，貧困緩和や農村の発展にも繋がるし，社会的公正さという点からも重要である．いろいろなストレスがある環境で多収化ができるかどうかは，科学的にも非常に高度な課題であり，多様な研究開発アプローチがされている．

バイオテクノロジーのような先端的な遺伝学的手法により，ストレス抵抗性品種の開発が注目されている．耐塩性や冠水抵抗性に寄与する大きな効果をもつ量的遺伝子座（QTL）が同定され，耐乾性に関する諸々の形質のQTLが集積する染色体上の領域も推定されてきた（Kamoshita et al., 2008）．DNAマーカー（生物個体の遺伝的性質の違いの目印となるDNA配列のことで，これによって個人の特定，親子・親族関係，血統や品種の真偽性などを明らかにできる）を利用した新品種の開発・普及に繋げるには，遺伝的背景が異なった場合のQTLの共通性・相違性や，遺伝子同士の交互作用（エピスタシス），環境との交互作用について，さらなる知見が必要である（第5章参照）．また，ストレス応答性の転写因子（DNAに特異的に結合するタンパク質で，DNAをRNAに転写する過程を促進したり，抑制したりする）や構造遺伝子（アミノ酸やタンパク質に翻訳されるDNA領域）の解明も進んでいるが，農業現場環境と実験室の環境の違いにより，遺伝的効果が現場では限定されたものになりうることにも注意が必要である．

一方，土地利用や作付けの多様化による営農システムの改変により，天水田での旱魃や洪水のリスクに対応しようとする，ファーミングシステムアプローチといわれている研究手法もある．カンボジアでは多目的農場（MPF），タイではニューセオリーと呼ばれ，1ha程度の土地を水田，菜園，池に分け，米，野菜，果樹，魚，家畜を飼育し，家畜の糞尿を作物の肥料とし，池の水を補助灌漑に使用する．多品目生産により現金支出を減らし，系内での循環的・有機的資源利用を図り，付加価値をつけた余剰生産物を地域市場に出して現金収入を得る．このような生産システムは，ベトナムのVACなど，アジアのほかの地域でも広く見られ，日本の有機農業とも共通する．

天水田での多収化の目標は，10年，20年かけて，2t/haを3t/haに，2.5t/haを3.5t/haに上げるのが現実的であろう．そのために，改良品種と施肥方法の開発と普及は，オーソドックスではあるが，重要な方法である．日本の陸稲の公的機関による近代的品種改良は1929年に始まったが，80年間で約1t/ha増収している（現在籾収量で約3t/ha）．タイ，カンボジアやインドなど広大な天水稲作地域をもつアジアにおいても，品種改良による増収効果が出るのに要する期間を短縮できないかどうか，研究が重ねられている（鴨下，2011）．東北タイにおいては，各県にある試験場ごとに品種選抜する

のではなくて，試験場が協力し合い，広域適応性をもつ新品種の選抜を，育種計画に導入することによって，天水田での増収速度を速めようとしている．

品種開発と施肥法の開発は，少ない研究機関が広域の農業現場でも多収化を実現するためには有益な方法ではあるが，天水田の場合，環境の不均質性のために，農家参加型の要素を研究に取り入れることが重要である．筆者らのグループでは，カンボジアのコンポンチュナン州の試験場で，改良品種と在来種，推奨施肥法と無施肥を組み合わせた実証試験を行い，収量や外観や味を農家に評価してもらいながら，農家にも推奨施肥法と改良品種を，20アールの広さ分，初年度のみ配布して，農家圃場での収量性や2年目，3年目の農家自身による品種選択と施肥法の選択を調査した．その結果，改良品種はすみやかに大半の農家によって採用された．化学肥料は毎年購入しなければならないが，種子は自家採種が可能で，数年間種子更新しなくてもすむ．改良品種を本当に農家のものにするには，異品種や変異株の種子が混入せず，発芽力の高い優良な種子を生産するシステムを作っていくことが必要になる．

9.4 農業の多面的機能

農業の多面的機能とは，農業生産に付随した生産以外のさまざまの効用のことであり，農業の歴史とともにある古いものであるが，1990年代から，国際貿易のコンテクストの中で，OECD諸国の間で研究・議論された(OECD, 2004)．日本では，学術会議が2001年と2004年に農林水産業に関する多面的機能の内容や評価法に関する答申書を出している（www.scj.go.jp/ja/info/kohyo/pdf/shimon-18-1.pdf，www.scj.go.jp/ja/info/kohyo/pdf/shimon-19-1-6.pdf）．現在，農林水産省や地方自治体のホームページなどでも，農業と森林の多面的機能について紹介されている．たとえば，洪水防止や地下水涵養の機能を貨幣価値として換算すると，年間3.5兆円，1.5兆円という試算も紹介されているが，生物多様性のような二次的自然の形成に関する項目や，文化的な価値に関する項目については，貨幣換算することがより難しい．

農業には，生産活動と切り離せないが，市場では取引できない外部経済があり，それは公共的な性質をもつ．たとえば畔を作り整地して水田に水をためると，洪水防止や地下水涵養にも役立ち，物質循環が改善する．魚や多様

図 9.4 カンボジアの稲作の多面的機能の例．(a) 水生植物の生えた水田，(b) 自家消費用に採集された水生植物，(c) 天水地帯に分布し，カンボジア特産の椰子砂糖が採れるオウギヤシ *Borassus flabellifer* L.，(d) 家畜の飼料として採集されたイネ科雑草．

な虫のいる二次的生態系が作られ，環境教育や食育の場にもなりうるし，また，水田アートや棚田の景観のように観光資源としても社会的な機能を発揮しているものも多くある．

なお，農業の多面的機能と類似の概念として，生態系サービスがあるが，これに関しては第2章を参照されたい．

開発途上国では，農業生態系のもつ農業生産以外の機能を，農村の住民が多かれ少なかれ利用しており，収量や収入に表れない，農業生産以外の外部経済が存在する．たとえば，水生植物の中には食用や薬用になるものもあるし，水田の雑草はウシの自給飼料になる（図9.4）．稲わらは，乾季の家畜の飼料になるだけでなく，複合農業を行っている農家では，キノコの培地に使われたりする．水路の魚を動物性タンパク源として食べることもあれば，子どもが魚釣り遊びをすることもある．東北タイやカンボジアでは，水田のイナゴを捕獲して食用にもする．また，東北タイやラオス，カンボジアなどで，水田の中に樹木が相当混在している場合がある．果実の成る有用樹の場合もあるし，農家の休憩場である場合もある．精霊信仰をもち特別の木を切らず

9.4 農業の多面的機能

にいる場合もある.

　生産と多面的機能のどちらを重視するかは,農家の資材投入量,期待できる収量,生産リスクによって影響される.灌漑水田であれば,水不足の心配がなく生産低下リスクが少ないので,化学肥料の投入量はより多くなり,農家は5 t/haを得られるような栽培管理をするであろう.一方,2011年に洪水により1万ha以上もの水田が全滅した,トンレサップ湖周辺に広がる広大な深水水田では,4-5月に直播して12-1月に収穫するまで,肥料も与えず手をかけない.平均収量は2 t/ha程度である.粗放的な管理のため,生物多様性は高くなる傾向がある(鴨下ら,未発表データ).湖に近いので,魚も獲れる.洪水に対してどのように水田を守り生産を強化していけばよいか,カンボジア政府と農家それぞれの対応が進められているが,一方で,洪水が起こりやすいことを,この地域の特徴として1つの資源として考えていくという発想も必要かもしれない.通常年で2 m,洪水年には3 mにも達する深水地域でも,栽培される浮稲の景観や遺伝資源を保護区とし,観光資源とする.農業の多面的機能を重視しながら農業を行っている例としては,中山間地の棚田の都市住民ボランティアによる保護,コウノトリと共生した田んぼ(兵庫県豊岡市),合鴨農法,水田水産システム,冬期湛水により水鳥と共生する水田(宮城県大崎市),中干しを遅らせカエルの孵化を妨げず魚道を確保した水路をもつ水田,世界遺産のフィリピンのバナウェの棚田,イネではないが,ヨーロッパの牧草地帯でオグロシギ *Limosa limosa* の巣立ちを待って牧草収穫する農法,圃場周辺の並木の配列の工夫による景観の優れた畑など,数多く挙げられる.農業生産システムの外部経済性を重視する立場からすると,目的農産物のみをもっとも効率よく生産するのではなくて,ほかの生物と共存させ景観性も考慮しながら生産することも課題となる.

　人口と食料問題の解決のためには,農業生産の増大は必要であるが,農業生産の特徴は,それが閉鎖された工場の中ではなくて,生態系と農村社会の中で行われることであり,生態系の特徴や限界,農村社会の発展の文脈に沿った仕方の生産性の改良でなくてはならない.アジアのコンテクストでいいかえると,1 ha程度の小規模な農地を耕作する約10億人の農業者がおり,歴史が長く文化の色が濃く,しかも経済発展の途上にある農村社会の発展に繋がるような仕方での,環境や景観や生態系と調和した生産強化が求められ

ているのである．

引用文献

長谷川利宏・堀江武．1995．水稲地域単収の増加に対する品種および栽培技術の貢献度の評価．農業および園芸，70：233-238．

樋口修．2008．穀物価格の高騰と国際食料需給．調査と情報，617：1-11．

稲村達也編．2005．栽培システム学．朝倉書店，東京．

鴨下顕彦．2009．熱帯アジアの稲作．（最新農業技術 作物 Vol.1）pp.107-120．農山漁村文化協会，東京．

鴨下顕彦．2011．イネ（*Oryza sativa* L.）の耐乾性改良研究の現状．日本作物学会紀事，80：1-12．

Kamoshita, A., R. C. Babu, N. M. Boopathi and S. Fukai. 2008. Phenotypic and genotypic analysis of drought-resistance traits for development of rice cultivars adapted to rainfed environments. Field Crops Research, 109：1-23.

木村園子ドロテア・登尾浩助．2011．SRIと土壌環境．（J-SRI研究会，編：稲作革命SRI）pp.241-256．日本経済新聞出版社，東京．

Khush, G. S. 2001. Green revolution：the way forward. Nature Reviews Genetics, 2：815-822.

OECD（荘林幹太郎訳）．2004．農業の多面的機能——政策形成に向けて（OECDレポート）．家の光協会，東京．

Peng, S., G. S. Khush, P. Virk, Q. Tang and Y. Zou. 2008. Progress in ideotype breeding to increase rice yield potential. Field Crops Research, 108：32-38.

Pinstrup-Andersen, P. 2004. Challenges to agricultural production in Asia in the 21st century. *In*（Seng, V., E. Craswell, S. Fukai and K. Fischer, eds.）Water in Agriculture. ACIAR Proceedings No.116. pp.9-21.

Wassmann, R., S. V. K. Jagadish, K. Sumfleth, H. Pathak, G. Howell, A. Ismail, R. Serraj, E. Redoña, R. K. Singh and S. Heuer. 2009. Regional vulnerability of climate change impacts on Asian rice production and scope for adaptation. Advances in Agronomy, 102：91-133.

Yu, Y., Y. Huang and W. Zhang. 2012. Changes in rice yields in China since 1980 associated with cultivar improvement, climate and crop management. Field Crops Research, 136：65-75.

第10章 沿岸海域の環境を保全する
——有害有毒微細藻類の生態

福代康夫

10.1 沿岸海域資源利用が直面している課題

東南アジア諸国では人口の70%が沿岸100 km以内に住み，一般に海産生物に対する依存度が高い．以前は低温保蔵が難しかったため，生きたまま輸送ができる淡水魚が好まれたが，近年は漁船の冷凍設備や漁港の冷凍施設も整って，品質や安全性を損なわずに輸送できるようになり，多様な海産魚が多く市場に出回るようになった．また，以前は零細な漁民による釣りや網漁業が主であったが，今は沿岸養殖や蓄養，中小型船による沖合漁業も普通に

図10.1 中部ベトナム，カムラン湾に作られたエビ養殖場．

見られるようになった．しかし，資源管理計画をほとんど伴わずに漁業が発展したため，東南アジアの沿岸海域の生物資源が急激に減少している．

また，エビやハタのような高級魚介類を養殖して，観光客に供する，あるいは輸出する目的の養殖漁業が東南アジア各地の沿岸域で広がっている．古くはマングローブを伐採して養殖場を作ったが，今ではこのようなものはなくなっているものの，沿岸域を埋め立てて養殖池を作ったり，広範囲に養殖筏を組んだりして，養殖漁業が進展している．そのため，物理的に海岸の水の流れが変わっていくだけでなく，富栄養化などの水質汚染や，養殖生物移動による生物多様性への悪影響なども生じている（図10.1）．

本章ではこのような変化を，筆者が東南アジアの研究者と行っている有害有毒微細藻類の発生と分布の変化の解析結果から考察してみる．なお，本章では赤潮など高密度に増殖して魚類斃死を引き起こす種を有害種，毒を生産してヒトに中毒を引き起こす種を有毒種と分けて，前者を10.3節，後者を10.4節で扱う．

10.2 有害有毒微細藻類の特徴

微細藻類は一般に植物プランクトンと呼ばれる単細胞藻類で，日本から東南アジアにかけて約600種以上が知られている（Omura *et al.*, 2012）．海藻や海草（第8章参照）と同様に海の一次生産者として，窒素やリンなどの水中の栄養塩を吸収し，光合成を行っている．微細藻類が動物プランクトンであるコペポーダや魚類の稚魚や貝類の幼生などに捕食され，これらが魚などに食べられるといった食物連鎖の過程が海の中にあり，この連鎖の出発点として微細藻類はきわめて重要なものである．しかし，なかには短時間に急速に増殖して密生し，赤潮など水面の着色現象を起こす種が約80種あり（図10.2），とくにその中でも赤潮形成時に魚介類の斃死をしばしば引き起こす種が約10種知られている．低濃度の発生であれば餌として有益であるが，高濃度になると，自身の呼吸や死骸の分解による酸素消費により低酸素水塊が発生し，そのような低酸素水塊から逃れることのできない，いけすの中の養殖魚などに大量斃死をもたらすため有害となるのである．たとえば珪藻の *Skeletonema costatum* (Grev.) Cleve という種は日本沿岸に遍在し，魚類養

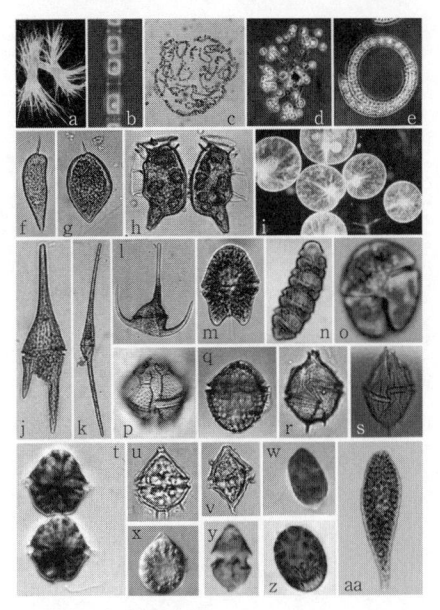

図10.2 世界の赤潮原因微細藻類. a: *Trichodesmium thiebautii* (B), b: *Skeletonema costatum* (B), c: *Chaetoceros sociale* (A), d: *Thalassiossira mala* (B), e: *Eucampia zodiacus* (A), f: *Prorocentrum sigmoides* (A), g: *Prorocentrum micans* (B), h: *Dinophysis caudata* (B), i: *Noctiluca scintillans* (B), j: *Ceratium furca* (A), k: *Ceratium fusus* (A), l: *Ceratium tripos* (A), m: *Gymnodinium sanguineum* (A), n: *Cochlodinium polykrikoides* (C), o: *Karenia mikimotoi* (C), p: *Lingulodinium polyedrum* (A), q: *Protoceratium reticulatum* (A), r: *Gonyaulax spinifera* (B), s: *Gonyaulax polygramma* (B), t: *Alexandrium affine* (A), u: *Peridinium quinquecorne* (A), v: *Heterocapsa triquetra* (A), w: *Heterosigma akashiwo* (B), x: *Scrippsiella trochoidea* (A), y: *Heterocapsa circularisquama* (C), z: *Fibrocapsa japonica* (C), aa: *Chattonella antiqua* (C). A: 有用種, ほとんど有害ではない. B: 酸素欠乏を引き起こす可能性のある潜在性有害種. C: 魚類の大量斃死を引き起こす有害種.

殖でも孵化直後の仔稚魚に与える初期餌料としてきわめて有用であるが，この種が形成した赤潮による魚類斃死は毎年数件報告されていて，有用と考えられている種でも環境次第で有害となりうることを示している．なお，有害赤潮や有害藻類繁殖という言葉は，ヒトが有害と感じた場合に使われ，同じ赤潮でも魚介類斃死がないような場合，海の色が異常でも有害と考えない人も多くいる．しかし，釣りや海水浴に行く人が赤い海色を気味悪がって海岸

に近づかなかったり，魚を食べなくなって魚価が下がったりして，思わぬ経済的影響を与えることがあり，これも含めて赤潮は有害であるとする研究者もいる．英語では harmful red tide や harmful algal bloom（略して HAB）と呼ばれているが，HAB の海洋生態に関する国際共同研究においては，「内容は問わず，人が有害と感じる微細藻類の増殖を HAB とする」と定義されている．

　これらの赤潮形成機構はすでに日本で多くの研究があり，予知できるところまでは至っていないが，多くのことが知られている（岡市，1997）．赤潮発生の鍵を握る環境要因は栄養塩の補給である．たとえば，日本の瀬戸内海沿岸域では，夏場は海の表層と下層の間の密度差が大きくなり，成層を形成して水の上下混合がなくなり，表層の栄養塩は光合成を行う微細藻類に吸収されるものの，下層では光量が足りなくて光合成生産が少なく微細藻類が増殖しないため，多量の栄養塩が使われないままに残っている状態が起こる．台風など荒天になると成層が壊れ，下層の栄養塩が表層に上昇し，荒天下でも生き残った微細藻類が急激に増殖するということが起こる．これがもっとも一般的な赤潮の発生機構であるが，陸上の都市排水や農業排水から大量の栄養塩が継続的に沿岸に流れ込むと，成層を形成している環境でも赤潮が起こり，しかも大規模なものが頻発するようになる．さらに，魚類養殖いけすが多くなると，養殖魚への餌から溶出する栄養塩も量が多くなり，赤潮の発生頻度が高まる．

　熱帯域の南シナ海，タイ湾などでは，赤潮発生といった状況はまれであった．しかし，バンコクを流れるチャオプラヤー川の河口や，大都市を後ろに控えるマニラ湾，ジャカルタ湾などでは都市排水による栄養塩の供給により赤潮が頻繁に発生している．さらに近年さかんになり始めた沿岸養殖漁業のため，日本と同様に漁業被害も出始めている（図10.3）．

　一方，微細藻類の中には，ヒトやクジラ，海鳥などに病気を引き起こす毒を生産する種がある．この有毒種はその毒の作用によって麻痺性毒，下痢性毒，記憶喪失性毒，シガテラ毒の生産種などに分けられており（図10.4），世界中で約50種が知られている．これらの有毒微細藻類は大きいものでも体長 0.05 mm であり，ヒトやクジラが直接食べることはないが，海の中の食物連鎖の中で，有毒微細藻類が二枚貝やホヤなどの小型無脊椎動物に捕食

図 10.3 フィリピンで発生した赤潮によるミルクフィッシュの大量斃死.

され，同時に毒も無脊椎動物の体内に濃縮蓄積されてそれらが毒化することが起こる．毒は無脊椎動物の体内から徐々に排出されるので，有毒微細藻類が発生しなくなれば，二枚貝もまた食べても無害になるのであるが，毒が多いうちに食べると中毒症状が出る．毒は水溶性のものと脂溶性のものがあるが，一般に熱や酸でも分解しないため，水にさらす以外には調理中になくなることはない．

　海産食品への依存性の高い地域では経験的に二枚貝が毒化することが知られており，たとえば岩手県三陸沿岸では「麦の穂の出るころには貝を食べるな」とか「雪解け水が海に入るころには貝を食べるな」という言い伝えがあった．しかし，一年中生産物を出荷する体制の整った養殖漁業の発展とともにこの言い伝えは無視され，日本でも 1970 年代に食中毒事故が起こったことがあった．しかし，現在日本では二枚貝など海産食品の毒量の定期的検査体制が整って，安全であると確認されたものしか市場に出回ることはなく，中毒事故は 1 件も起こっていない．この背景には，海産食品はすべて漁業組合を通じて出荷されるという日本独特の仕組みがあり，出荷規制なども効果を発揮しやすい．

　東南アジアでも後述するように多くの有毒微細藻類が発生しており，最初に中毒事故が報告された 1970 年代以降現在までに多くの死者も出ている．問題なのは，現在もフィリピンなどいくつかの国では中毒事故が続いている

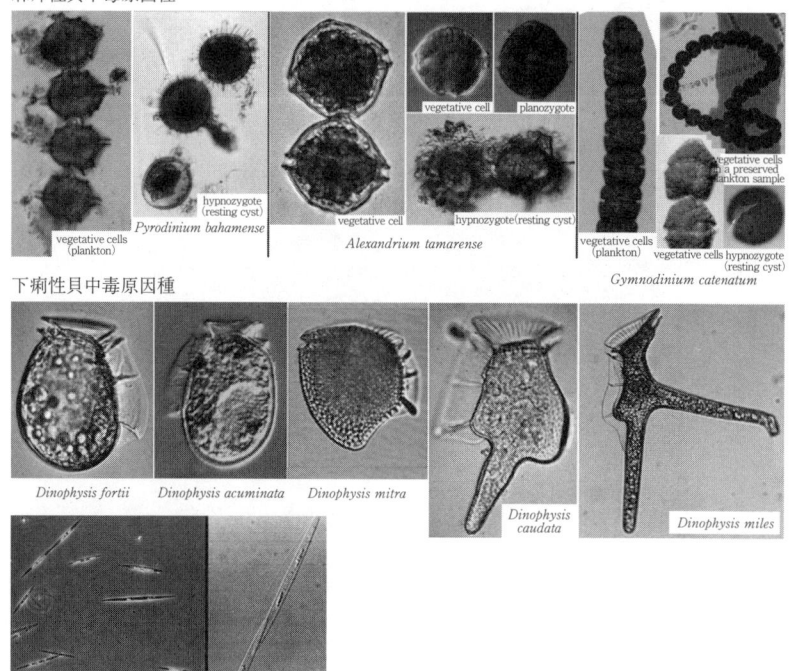

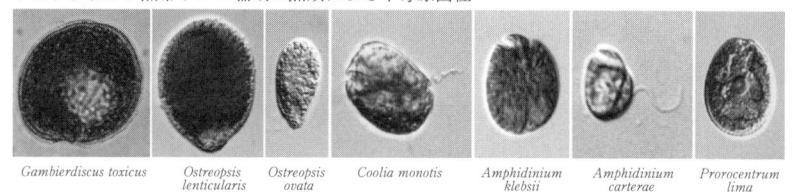

188　第10章　沿岸海域の環境を保全する

麻痺性貝中毒原因種

Pyrodinium bahamense　*Alexandrium tamarense*　*Gymnodinium catenatum*

下痢性貝中毒原因種

Dinophysis fortii　*Dinophysis acuminata*　*Dinophysis mitra*　*Dinophysis caudata*　*Dinophysis miles*

記憶喪失性貝中毒原因種

Pseudo-nitzschia spp.

シガテラおよび熱帯サンゴ礁域の魚類による中毒原因種

Gambierdiscus toxicus　*Ostreopsis lenticularis*　*Ostreopsis ovata*　*Coolia monotis*　*Amphidinium klebsii*　*Amphidinium carterae*　*Prorocentrum lima*

図10.4　日本および東南アジアに分布する代表的な有毒微細藻類.

ことで，貝毒の監視体制の不備，漁民や一般社会の問題への無理解などが原因としてある．

10.3　東南アジアにおける有害微細藻類の大量発生

(1)　東南アジアの状況

　タイ湾と南シナ海では有害微細藻類の発生種や発生状況がかなり異なる (Fukuyo et al., 2011). タイ湾では，以前は次項で記す夜光虫 *Noctiluca scintillans* (Macartney) Kofoid et Swezy が多く発生していたが，最近は種が変わり，*Ceratium furca* (Ehrenberg) Claparède et Lachmann や *Cochlodinium polykrikoides* Margalef が多くなっている (Fukuyo et al., 2011). 一方，南シナ海沿岸域を東部（フィリピン沿岸），西部（ベトナム沿岸），南部（ボルネオ島北岸），北部（中国沿岸）に分け，それぞれの海域における有害赤潮と有毒プランクトンの発生をまとめたところによると，北部の中国沿岸では 2000 年以降有害赤潮の発生がより多く確認されており，東部と南部では有害赤潮の発生件数は減ってきているものの，海域をまたぐような大規模な赤潮が発生するようになっている (Wang et al., 2008).

(2)　主要赤潮原因種の分布と生態

　渦鞭毛藻 *Noctiluca scintillans* (Macartney) Kofoid et Swezy（夜光虫, 図 10.2 i）
　夜光虫は世界中で赤潮を引き起こしており，日本でももっとも発生件数が多く，水面がまさに真っ赤になるのできわめて印象的で古くから記録のある種である．変わったことに，この種は温帯域では光合成色素をもたず，原形質の色から真っ赤な赤潮を作るが，熱帯域では緑色の共生藻 *Pedinomonas noctilucae* (Subrahmanyan) Sweeney が細胞内に数千個体いるために細胞全体が緑色をしていて，赤潮も緑色になっている．また，温帯域の赤色夜光虫はほかの生物を捕食して生活する従属栄養性であるが，熱帯域では光合成もする混合栄養性であり，環境の栄養塩量がその増殖に直接影響してくる．この種は赤潮を引き起こしても魚を殺すことはまれなため，なかなか発生記録が残らないが，近年はフィリピンのマニラ湾やインドネシアのジャカルタ湾などの富栄養化している海域でしばしば発生しているとの報告がある (Fukuyo et al., 2011).

渦鞭毛藻 Cochlodinium polykrikoides Margalef（図10.2 n）

1978年に熊本県八代海で大規模な赤潮を作り数億円にものぼる漁業被害を起こした種で，以降西日本や韓国沿岸で大規模な赤潮を引き起こしている．本種が東南アジア各地に少量ではあるが発生しているらしいということはいわれていたが，細胞膜が脆弱でホルマリンなどで固定すると外形が崩れ，しっかりした種の同定ができなかったため，分布の確認ができないでいた．ところが2008年にマレーシアのサバ州沖合で発生した赤潮（Anton et al., 2008）が海流に乗ってフィリピンのパラワン島やルソン島沖合まで達するほど大規模になり，小数ながら天然魚にも斃死が見られた（Azanza et al., 2008）．この発生と水域の富栄養化との関係については，発生水域で継続的に取られた栄養塩量のデータがほとんどないため解析がされていない．この赤潮を契機に本種の広域化が話題となり，詳細な形態観察と遺伝子解析が行われた結果，1種と思われていた種がじつは5種であり，さらにC. polykrikoidesには東アジア（日本–韓国–中国）型，フィリピン型，およびマレーシア型の3海域型があり，しかもマレーシア型はアメリカ型と同一であることがわかった（松岡・岩滝, 2009）．大規模赤潮を引き起こしたマレーシア型がアメリカから来たものか，それともその逆のことが起こったのかは今後の研究を待たざるをえないが，船舶バラスト水による生物移動が話題となっている状況（第10章コラム参照）を考えると，世界的な共同研究が必要となるであろう．

渦鞭毛藻 Prorocentrum minimum (Pavillard) Schiller

温帯域の内湾域で多く見られる微細藻類で，魚類の斃死を伴う赤潮を形成することが世界の温帯域各地から報告されている（福代ら, 1990）．熱帯域における本種による赤潮の発生はほとんど知られていなかったが，2000年代に入ってフィリピンのルソン島中部や，シンガポールのジョホール水路の魚類養殖筏が密集した海域で大規模赤潮を形成して多くの養殖魚を斃死させ，温帯域の種が熱帯域にまで広域化して問題を引き起こすようになったかと研究者を驚かせた．本種による赤潮の発生の原因は水温の低下による広域化ではなく，水域が富栄養化したため，今まで大量には発生しなかった種が多く発生するようになったものと考えられている．

その他

　日本に発生している赤潮の原因種は，生育に適する水温の違いから熱帯域には発生することが少なかった．しかし，近年は上に挙げた3種以外にも渦鞭毛藻 *Heterocapsa circularisquama* Horiguchi やラフィド藻 *Chattonella* 属の仲間など，魚介類の大量斃死の原因となっている種がマニラ湾やジャカルタ湾で見つかっており，水域がより富栄養化するとともに，養殖漁業の進展に伴い斃死する対象が増えることにより，今後被害が拡大する可能性がある．ベトナム水産研究所のグエン＝ヴァン＝グエン副所長によれば，世界遺産にもなっているハロン湾で2012年5月にハプト藻類 *Phaeocystis globosa* Scherffel が大発生して赤潮状態になり，さらに茶褐色の泡沫が海面を覆い，天然魚や養殖魚が多数斃死する事故が起こった．この種は中国沿岸で以前より発生していたが，それがなぜ広域化したか，富栄養化との関連で調査が進められている．

　日本では，魚類斃死に対しては漁業組合などによる組織的な自衛や，県の水産試験機関などによる警報発令などさまざまな対策があるが，このような整備がまったくといってなされていない東南アジア各国では今後の被害の多発が憂慮されている．

10.4　東南アジアにおける有毒微細藻類の発生

(1)　東南アジアの状況

　東南アジアで発生した有毒微細藻類による中毒事故に関する最初の科学的報告は，1973年にパプアニューギニアからなされ，*Pyrodinium bahamense* Plate による麻痺性中毒に関するものであった（Maclean, 1973）．当時は医療機関にも情報が乏しく，細菌によって傷んだ食品を食べて起こった食中毒との区別ができていないだけでなく，致死率の高い麻痺性中毒は，その症状がフグによる中毒と同様で，あたかも心臓麻痺で亡くなったかに見えるため，多人数が同時に亡くなる事件が起こってはじめて問題が明らかになった．

　1980年代以降この問題に関する国際研究集会が継続的に行われ，各国政府の水産部局が過去の中毒事故例を調べた結果，多くの死者を含む中毒患者

が出ていたことがはっきりした．たとえば，ベトナム戦争当時，ベトナムからマレーシアに逃れたボートピープルが海で貝類を採って食べたところ中毒を起こしたといった事例が明らかとなった．マレーシアのサバ州では1973年ごろから患者の記録が取られており，フィリピンでもサマール海では1983年，マニラ湾でも1988年から中毒被害の問題が明らかになった．フィリピン水産資源局のシリート＝ゴンザレス部長によれば，マニラ湾では，1991年に起こったピナツボ火山の大噴火で住む土地を追われた農民がマニラ湾沿岸に移住し，麻痺性毒の混入により採集が禁止されているにもかかわらず，食べるものがなくて沿岸で貝類を採って食べ，多数の中毒患者を出した（Furio and Gonzales, 2002）．このような状況に対し，ユネスコ傘下の国際海洋学委員会の西太平洋地域委員会（UNESCO/IOC/WESTPAC）では継続的に勉強会と技術研修会を開催して，毒の分析技術や原因微細藻類の検出技術をもつ研究者や技術者を養成した．また，海産食品の監視についても日本の国際協力機構（JICA）などの協力を得て体制作りをした結果，現在では中毒患者数が減っている．しかし，まだ採集貝類などを自家消費して中毒になる例が後を絶たず，フィリピンでは1987年から2010年の間に死者146名を含む2500名近い中毒患者を出し，いまだにほぼ毎年問題が起こっている．

微細藻類による下痢性毒や記憶喪失性毒も，下痢や失語症，健忘症が進んだように見えるだけで重篤な後遺症が見られないため，中毒事故が発生しても医者ですら気がつかない場合がある．また，東南アジア各国では海産食品に混入したこれらの毒の定期的検査を輸出品以外には行っていないため，出荷規制措置もほとんど取られておらず，今後の課題として残っている．

(2) 主要有毒原因種の分布と生態

渦鞭毛藻 *Pyrodinium bahamense* Plate（図10.4の上段左）

フグ毒と似た症状を引き起こす麻痺性毒を作る種で，毒は青酸カリの1000倍強いといわれている．日本では発生した記録はなく，東北，北海道地方で毎年起こっている養殖貝類の毒化現象は近縁の *Alexandrium* 属の仲間（図10.4の上段中央）によって引き起こされたものである．ただ，両種の生態は酷似しており，海域に発生した場合には海水1リットル中に1000細胞程度の低濃度の発生量でも貝類毒化を引き起こし，一度発生すると消滅す

る前に有性生殖によって「休眠シスト」という，いわば植物の種子にあたる細胞を形成して海底に休眠する．このシストは数十年という長期にわたり生存可能といわれており，環境がよくなると発芽してプランクトンとして増殖し，中毒事故再発のもととなる．2011年3月に三陸沿岸を襲った津波により，海底が掻き回され，海底深く眠っていたシストが水中に再浮遊して，多くのAlexandrium属が発生したという情報がある．また，2004年のスマトラ沖地震による津波のときにもPyrodinium属で同様なことが起こったということもいわれている．

　本種は，1900年代初めに中米バハマ諸島沿岸で発見された種で，次いで1931年にペルシャ湾で見つかっている．しかし，これらの海域では中毒事故は発生しておらず，東南アジアに発生する本種のみが有毒となるが，その機構は解明されていない．東南アジアで本種の発生を研究したMacleanは，本種がペルシャ湾から東南アジアにココナッツ油の原料となるコプラを輸出していた船舶のバラスト水で1930-40年代に運ばれたと推定しているが（Maclean, 1989），遺伝子解析を含めた検討が必要であろう．

　東南アジアではフィリピン各地，マレーシアのサバ州，インドネシア各地など広い海域から本種が見つかっているが，不思議なことにタイ湾からはまったく発見されていない．タイ湾では，日本と同様にAlexandrium属の数種が麻痺性毒を生産して中毒事故を引き起こしており，この有毒種の分布の違いを左右する環境要因に関心が集まっている．タイ湾と南シナ海は水深が大きく異なるのみで，水質には大きな違いはないと考えられており，分布を規定する環境要因についてはいまだ明らかになっていない．

　本種の発生している海域は，後背陸地にほぼ必ずマングローブ林があり，マニラ湾などごく一部を除けば陸上からの都市排水や工場排水による汚染とは無縁なところがほとんどである．また，発生域は貝類養殖場が作られている海域が多いが，貝類養殖は魚類養殖と異なり給餌をすることがないため，水質汚染はない．2013年には年初めから数カ月にわたりマレーシアのサバ州コタキナバル沿岸で大規模に発生したが，この海域もきれいなサンゴ礁が広がる，ダイビングに適した海岸である．このような海域で，どのような機構でPyrodinium属が長期にわたり大増殖できるのか，きわめて不思議な現象であるが，本種の発生には富栄養化は要因とならないと推察できる．逆に

富栄養化した場合，本種の発生は少なくなる可能性もあると考えられている．日本に発生する *Alexandrium* 属の有毒種が主に北日本の三陸沿岸や北海道沿岸など富栄養化していないきれいな海域に多く発生することと相通ずるものがあると考えられるが，海域の栄養塩量と両種の発生量との関係を解析する必要がある．今後，東南アジアでは沿岸人口増加と養殖漁業振興から海域の富栄養化が進み，有毒微細藻類の発生が変化すると考えられる．

珪藻 *Pseudo-nitzschia* 属の仲間（図10.4の3段目）

脳神経細胞を破壊し，記憶喪失を引き起こすドーモイ酸という物質を作る珪藻類が東南アジア各地に広く発生することが知られており，ヒトの中毒だけでなく，時折報道に載るクジラや海鳥などの迷走や自殺行為などの原因となっていると疑われている．ドーモイ酸を作る珪藻は *Pseudo-nitzschia* 属の仲間に約10種知られているが，これらはほとんど研究室において培養株を用いて分析されたもので，自然環境でドーモイ酸生産が確認されたものではない．研究室でも，ドーモイ酸生産は増殖の勢いが落ちかかってきた対数増殖後期から死滅期に限られており，対数増殖前・中期には生産しないことが知られている．生体内におけるドーモイ酸の機能については，体内に金属元素が不足したときに取り込む助けをするキレーターであるとの説もあるが，詳細は不明である．

なお，実際にカナダで発生した記憶喪失性貝毒中毒事故のときには100名を超える患者と2名の死者が出ており，この場合には，養殖カキにドーモイ酸が蓄積し，その毒化カキをヒトが食べて中毒が起こったと説明されている．東南アジアではミズイリショウジョウガイに特異的にドーモイ酸がたまることが認められているが（Dao *et al.*, 2012），養殖カキでは確認されていない．しかし東南アジアでもカナダのようなことが起こる可能性がないとはいえないため，今後は注意が必要である．日本では *Pseudo-nitzschia* 属の仲間は広く発生しているが，今までドーモイ酸の貝類への蓄積は1例も確認されていない．

その他

Pyrodinium bahamense や *Alexandrium* 属による麻痺性貝毒，*Pseudo-*

nitzschia 属による記憶喪失性貝毒以外にも，東南アジアで発生する可能性のある微細藻類毒による問題は，渦鞭毛藻 *Dinophysis* 属の仲間（図10.4の2段目）による下痢性貝毒や，同じ渦鞭毛藻 *Gambierdiscus* 属（図10.4の4段目左）などによるシガテラ毒があり，一部研究者による調査が始まっているが，実際に東南アジアにおける発生事例が少なく，原因となる可能性のある種の分布調査程度が行われているのみである．

後者はサンゴ礁にすむフエダイなど美味な魚に蓄積して発生する食中毒で，今後サンゴ礁における有用漁業資源の開発の際には必ず検討しなければいけない課題である．サンゴ礁に囲まれたハワイやタヒチ，ニューカレドニアやモーリシャスなどの島々ではシガテラ毒が大きな問題となっており，毎年2万人にのぼる中毒患者が世界で出ているとされている．このような問題が，東南アジアのサンゴ礁の海域で起こる可能性についてと，起こった場合の対策について研究を進めておく必要がある．

10.5 東南アジア沿岸海域における有害有毒微細藻類問題の今後

東南アジアでは今後もさらなる経済発展が見込まれており，都市の拡大や養殖漁業の発展に伴う沿岸海域環境の変化，またバラスト水や魚介類養殖などによる外来生物の移入などにより，有害有毒微細藻類の発生頻度の増加や発生種の多様化などが起こる可能性がある．有害微細藻類による漁業被害を起こさないようにするためには，発生要因の特定や環境管理体制の整備が必要である．有毒微細藻類による中毒事故を未然に防ぐには，発生要因の特定のための研究の推進とともに有害有毒微細藻類の検査体制の整備が重要である．

また，東南アジア諸国の沿岸海域の環境管理や水産生物資源の有効利用を図る際に生じる問題として，信頼しうる科学的情報が行政担当者へ適切に伝達されないため行政に活かされないこと，その結果として行政担当者からの住民への情報伝達に不正確な情報が含まれること，さらにその結果として，住民が行政機関からの情報を信じようとしなくなることがしばしば指摘されている．日本では，有毒プランクトンの生産する毒で養殖貝類がある程度以上毒化した場合には，行政指導により漁業組合は貝類採捕や出荷をとりやめ，

毒が貝から消えるのを待つ．そのため，このような体制が整った1978年以降には市場に出回っている貝類で中毒事故は一度も起こっていない．しかし，東南アジア諸国では住民の行政に対する信頼が低く，海域からの貝類の採集禁止という公告を出しても，「自分がいつも食べているものだから大丈夫」といった軽い気持ちで禁止命令を守らず，その結果，中毒事故を引き起こすといった事例が多く起こっている．このような状況を改善するには，行政からの貝類採集禁止命令が信頼しうる科学的データにもとづくものであり，守るのが人命保護という公衆衛生上必要なことであるという認識をもってもらえるように，行政への適切な情報の伝達と住民の理解の促進のために科学者・教育者が長期間にわたり指導していくしか方策はないと考えられる．

引用文献

Anton, A., P. L. Teoh, S. R. Mohd-Shaleh and N. Mohammad-Nor. 2008. First occurrence of *Cochlodinium* blooms in Sabah, Malaysia. Harmful Algae, 7：331-336.

Azanza, R. V., L. David, R. T. Borja, I. U. Baula and Y. Fukuyo. 2008. An extensive *Cochlodinium* bloom along the western coast of Palawan, Philippines. Harmful Algae, 7：324-330.

Dao, V. H., T. Omura, Y. Takata, X. K. Pham, Y. Fukuyo and M. Kodama. 2012. *Pseudo-nitzschia* species, a possible causative organism of domoic acid in *Spondylus versicolor* collected from Nha Phu Bay, Khanh Hoa Province, Vietnam. Coastal Marine Science, 35：7-10.

福代康夫・千原光雄・高野秀昭・松岡数充編．1990．日本の赤潮生物．内田老鶴圃，東京．

Fukuyo, Y., M. Kodama, T. Omura, K. Furuya, E. F. Furio, M. Cayme, L. P. Teen, D. V. Ha, Y. Kotaki, K. Matsuoka, M. Iwataki, R. Sriwoon and T. Lirdwitayaprasit. 2011. Ecology and oceanography of harmful marine microalgae. *In* (Nishida, S., M. D. Fortes and N. Miyazaki, eds.) Coastal Marine Science in Southeast Asia -Synthesis Report of the Core University Program of the Japan Society for the Promotion of Science：Coastal Marine Science (2001-2010). pp. 23-48. TERRAPUB, Tokyo.

Furio, E. F. and C. L. Goanzales. 2002. Toxic red tide and paralytic shellfish poisoning profiles in the Philippines. *In* (Goanzales, C. L., S. Sakamoto, E. F. Furio, T. Ogata, M. Kodama and Y. Fukuyo, eds.) Practical Guide on Paralytic Shellfish Poisoning Monitoring in the Philippines. pp. 3-27. Bureau of Fisheries and Aquatic Resources, Manila.

Maclean, J. L. 1973. Red tide and paralytic shellfish poisoning in Papua New Guinea. Papua New Guinea Agricultural Journal, 24：131-138.
Maclean, J. L. 1989. An overview of *Pyrodinium* red tides in the Western Pacific. *In*（Hallegraeff, G. M. and J. L. Maclean, eds.）Biology, Epidemiology and Management of *Pyrodinium* Red Tides. ICLARM Conference Proceedings 21. pp. 1-8. ICLARM, Manila.
松岡數充・岩滝光儀．2009．有害渦鞭毛藻 *Cochlodinium polykrikoides* と類似種の分類と分布．日本プランクトン学会報，54：27-30.
岡市友利編．1997．赤潮の科学第2版．恒星社厚生閣，東京．
Omura, T., M. Iwataki, H. Takayama, V. Borja and Y. Fukuyo, eds. 2012. Marin Phytoplankton. Kouseisha-Kouseikaku, Tokyo.
Wang, S. F., D. L. Tang, F. L. He, Y. Fukuyo and R. Azanza. 2008. Occurrence of harmful algal blooms（HABs）associated with ocean environments in the South China Sea. Hydrobiologia, 596：79-93.

コラム

バラスト水とアジアの水棲生物

バラスト（バラス，ballast）という用語は，さまざまな業種で使われている用語であるが，船舶におけるバラストとは，船を適度に沈め，転覆しないように船首と船尾のバランスをとる，重りである．このバラスト水が，異国の侵入者を運び，海や湖の生態系を攪乱するため，問題視されている．船舶の積荷が少ないとき，出港する港の水をバラストとして積載（漲水）し，荷物を積む港で排水する．もし，漲水時に，生きている生物をバラストタンク内に入れてしまい生き続けていたら，排水した港に非土着生物を生きたまま移動させることになる（IMO, 1998）．このようなバラスト水ヒッチハイカーを規制するために，国際海事機関（IMO）は，2004年2月「バラスト水管理条約」を採択した（IMO, 2004）．9年を経過するがまだ発効に至っていない．この条約では，バラスト水中の生物を条約の基準値以下に減少させてから港で排出しなければならないため，

船舶にバラスト水処理装置の搭載が義務づけられている．日本は，既存船への搭載に必要な修繕ドック数不足やバラスト水処理装置の搭載技術問題などを理由に，まだ批准していない（IMO, 2010）．

船舶が非意図的に生き物を運ぶ可能性は1900年代初頭から指摘はあるが（Carlton, 1985），外来の水棲生物による被害がマスメディアで大きく取り上げられるようになったのは，1980年代後半からである．五大湖で，欧州原産のゼブラガイ *Dreissena polymorpha* Pallas が繁殖し，これらの除去に数十億ドルもの被害が出たことや，黒海・アゾフ海に伝播した米国原産のクシクラゲの仲間 *Mnemiopsis leidyi* A. Agassiz が漁業に甚大な被害を及ぼしたことなどは，経済的な被害額も大きいため頻繁に報道された．1989年，日本は豪州政府代表団から「侵入者輸出国」として名指しされる（Hallegraeff *et al.*, 1990など）．タスマニア州港で，

図1 IMOによる Ten of the Most Unwanted.

日本のウッドチップ船が排出したバラスト水に含まれていた有毒プランクトン Gymnodinium catenatum Graham が養殖魚貝類を汚染し，貝中毒患者が発生したため，漁業関係者に深刻な経済的損害が生じたと報告されたのである．日本は，約1700万トンのバラスト水を輸入し，約3億トンのバラスト水を輸出するバラスト水輸出大国である（池上，2000）．問題となったプランクトンの仲間は一時的な休眠状態を生活史にもち，これが「赤潮の種（たね）になる」と考えられていることや，日本原産のマガキ Crassostrea gigas Thunberg が豪州沿岸域を荒らしていたという歴史的な経緯（Holliday and Nell, 1985 ; Coleman and Hickman, 1986 など）も関係しているかもしれない．これらの件に関して科学的な証明はされていない．

1990年代に，IMOへの世界的な要請が始まり，2001年に地球規模のバラスト管理プログラムが開始される．ここで作成された「Ten of the Most Unwanted」（図1）中で，アジアが原産国とされるのは，チュウゴクモクズガニ Eriocheir sinensis H. Milne Edwards とワカメ Undaria pinnatrifida (Harvey) Suringar である．チュウゴクモクズガニは，侵入地で巣穴を掘り土手や堤防の損壊をもたらし，産卵期の同調回遊では漁獲網にダメージを与える（小林，2012など）．ワカメは侵入先の生態系を破壊する害藻となる（川井，2009など）．アジアではいずれも高級食材になるため意図的な導入か，ほかの水産物の輸入時に非意図的に導入されたと考えられるが，船舶による非意図的な導入も指摘されている．バラスト水の漲排水口には，1-1.5 cm ほどのメッシュが張られているため，これらの生物がバラスト水を介して運ばれる可能性は，いずれも成体になる前である．

船舶のバラストタンクは鉄の板で外環境と隔てられているだけである．航海中のバラスト水の水温変化も著しい．このような環境でどれだけの生物が生き残り，新天地で新たなニッチを獲得できるのか明らかではないが，バラスト水は1年あたり約100億トン移動し，世界中では1日あたり3000種の生き物がバラスト水によって移動していると見積もられている（IMO, 1998）．

引用文献

Carlton, J. T. 1985. Transoceanic and interoceanic dispersal of coastal marine organisms : the biology of ballast water. Oceanography and Marine Biology, 23 : 313-371.

Coleman, N. and N. Hickman. 1986. Pacific oyster found in Victoria. Australian Fisheries, 45 : 8-10.

Hallegraeff, G. M., C. J. Bolch, J. Bryan and B. Koerbin. 1990. Microalgal spores in ship's ballast water : a danger to aquaculture. In (Granéli, E., B. Sundström and L. Edler, eds.) Toxic Marine Phytoplankton : Proceeding of the Fourth International Conference on Toxic Marine Phytoplankton held June 26-30, 1989, in Lund, Sweden. pp. 475-480. Elsevier, New York.

Holliday, J. E. and J. A. Nell. 1985. Concern over Pacific oyster in Port Stephens. Australian Fisheries, 44 : 29-31.

池上武男．2000．船舶バラスト水問題とは．NAVIGATION, 145 : 4-12.

IMO. 1998. Alien invaders-putting a stop to the ballast water hich-hikers. Focus on IMO, October 1998 : 161-177.

IMO. 2004. International Convention for the Control and Management of Ships Ballast Water & Sediments. London on Friday 13 February 2004.

IMO. 2010. Report of the Review Group on Ballast Water Treatment Technologies (BWRG). MEPC 61/WP. 8.

川井浩史．2009．海草類──世界に広がった日本の海藻．（日本プランクトン学会・日本ベントス学会，編：海の外来生物──人間によって攪乱された地球の海）pp. 137-150．東海大学出版会，秦野．

小林哲．2012．モクズガニ類の侵略の生物学II 侵略的外来種チュウゴクモクズガニの生態学と欧米への侵略の歴史．生物科学，63 : 102-117.

都丸亜希子

第11章 熱帯泥炭湿地を保全しながら利用する
――再湛水化と木質バイオマス生産

小島克己

11.1　熱帯泥炭湿地と地球温暖化

　泥炭は，低温や湛水などの環境条件により微生物による有機物分解が抑制された状態で，長い年月をかけて植物遺体が蓄積してできたものである．泥炭が1m以上堆積している泥炭土壌は世界に4億ha分布し，多くは北半球の寒冷地にある（図11.1）．泥炭は，石炭や石油と同じように，植物が過去に大気から取り除いてきた炭素の貯蔵庫であり，一度失われるとなかなか再生しない．

　泥炭土壌は寒冷地だけでなく，微生物活動が活発な熱帯にも分布する．熱帯泥炭土壌は，湛水状態にある湿地で，酸素不足による分解抑制により，樹

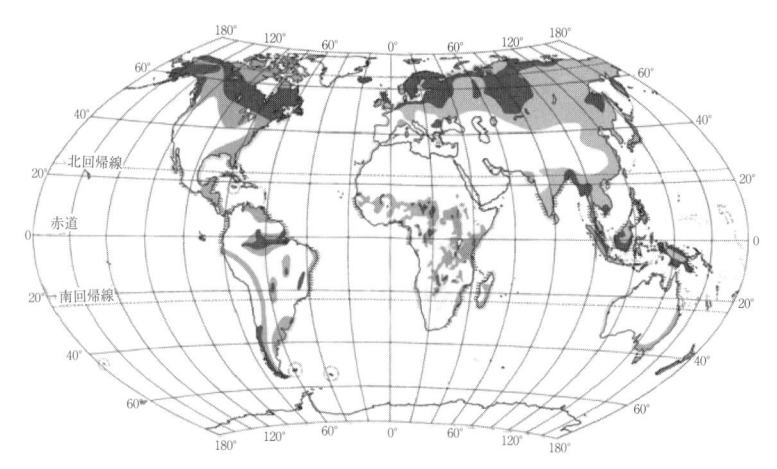

図11.1　泥炭土壌の分布．面積占有率■10%以上，▒5-10%，□5%以下（Parish et al., 2008より改変）．

表11.1 熱帯泥炭土壌の分布（Andriesse, 1988より改変）.

地　域	分布面積		
	10^6 ha	世界の泥炭土壌に占める割合%	熱帯泥炭土壌に占める割合%
熱帯・亜熱帯全域	35.80	8.21	100
東南アジア	20.26	4.65	56.6
カリブ	5.67	1.30	15.8
アマゾン	1.50	0.34	4.2
アフリカ	4.86	1.11	13.6
中国南部	1.40	0.32	3.9
その他	2.11	0.49	5.9

木の遺体が厚く堆積して作られたものである．熱帯には3000万-4600万haの泥炭土壌が分布し，そのうち2000万haが東南アジアに分布している（表11.1）．これは日本の国土面積（3779万ha）に匹敵する広大な面積である．泥炭土壌の厚さは1mから場所によっては10m以上にも達する．樹木の遺体から作られた土壌であるから，有機物含量，炭素含量が多く，熱帯泥炭土壌は膨大な炭素ストックになっている．その量は83.8 GtC（838億炭素トン）と推定されている（Rieley *et al.*, 2008）．

東南アジアでは，この泥炭土壌の自然植生は泥炭湿地林であり，湛水耐性のある樹木による森林が泥炭の上にできる．林床（森林の地面）には落葉・落枝・倒木といった植物遺体がたえず供給されるが，植物遺体は通常は土壌にすむ微生物により分解される．しかし常時水がたまっている湿地では植物遺体の多くが分解されずに蓄積して泥炭となっていくため，泥炭湿地林は持続的な炭素吸収源になっている．熱帯泥炭湿地林の泥炭堆積速度は毎年0.2-2.6mm程度と推定されている（Page *et al.*, 2004）．1mの泥炭が堆積するのには数百年から数千年かかる．

熱帯泥炭湿地は，その立地特性から農業開発が難しく居住する人も少なかったことから，熱帯最後の未開拓地として1970年代まで泥炭湿地林が残されていた．1970年代から，東南アジアでは泥炭湿地の大規模農業開発により森林の伐採と排水路の建設が行われるようになった．このときには水田化を目指していたが，微量養分の不足により米が実らないなど，泥炭土壌の特殊な性質を克服できずに開発が失敗し放棄された．インドネシア中央カリマンタン州（ボルネオ島）のメガライス・プロジェクトは，100万haの泥炭

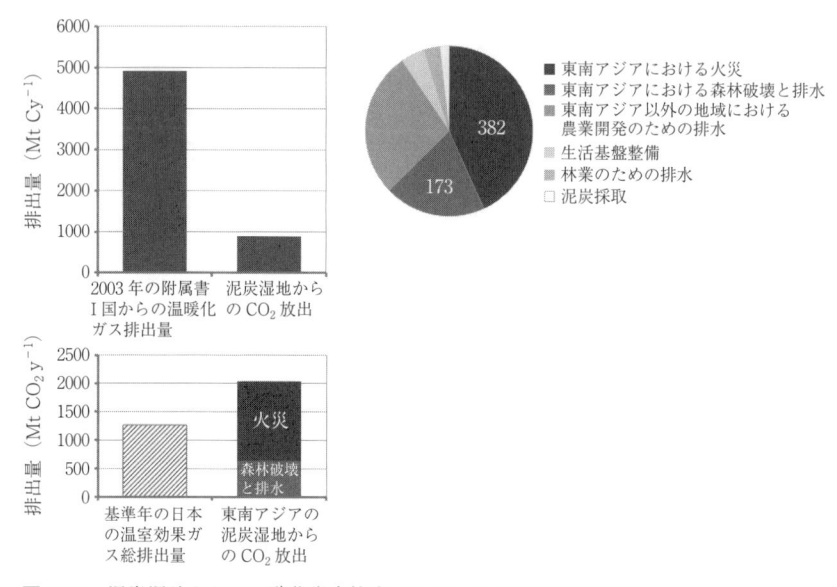

図 11.2 泥炭湿地からの二酸化炭素放出 (Parish *et al.* 2008 より改変).

湿地を水田に転換しようとした 1990 年代のインドネシアの国家プロジェクトで，泥炭湿地林を伐採し大規模な排水路を掘削したが，失敗して乾燥した泥炭湿地のまま放棄された．また近年は，アブラヤシやパルプ用のアカシアなどのプランテーション開発が，放棄された泥炭湿地を使ったり，新たに泥炭湿地を開発したり，その面積を拡大している．

これらの開発により泥炭湿地は排水され好気的な条件になり，泥炭が微生物の活動により分解され，大きな二酸化炭素放出源になる．宇都宮大学の長野敏英特任教授と大澤和敏准教授らは，熱帯泥炭土壌の開発（乾地化）による二酸化炭素放出の増加が 20 tC ha^{-1} y^{-1} という非常に大きい値であることをモニタリングにより示している（Nagano *et al.*, in preparation）．また，筑波大学の吉野邦彦教授らは，熱帯アジアでの泥炭土壌開発地・放棄地が 500 万 ha に達していることを衛星リモートセンシングにより示した（吉野ら，未発表）．つまり現在，開発された熱帯泥炭湿地から年間 100 MtC（1 億炭素トン）の二酸化炭素が放出されていることになる．Parish らは，森林伐採による分を含め，年間 173 MtC の二酸化炭素が東南アジアの熱帯泥炭湿地開発地から放出されていると推定している（Parish *et al.*, 2008；図 11.2）．二

酸化炭素は温室効果ガスであり，熱帯泥炭湿地からの二酸化炭素の放出は，地球温暖化防止対策を検討するうえで，大きな位置を占める．

プランテーション開発に伴う火災により泥炭の焼失も起きており，さらに大きな二酸化炭素放出が起こっている．1997年にエルニーニョに関連した異常乾燥により，東南アジアで大規模な森林火災，泥炭火災が発生したが，このときに，インドネシアの泥炭湿地の145万–680万 haが火災の被害に遭い，0.48–2.57 GtC（4.8–25.7億炭素トン）の炭素が焼失して二酸化炭素が放出されたと推定されている（Page *et al.*, 2002）．この量は2003年の先進国の温室効果ガス排出量の10–50%に相当する量である．ただこのような火災は毎年発生するわけではなく，発生頻度の予測も難しいが，これまでのデータから，東南アジアの熱帯泥炭湿地からの火災による二酸化炭素放出は1年あたり382 MtCと推定されており（Parish *et al.*, 2008），森林伐採，泥炭分解と合わせると炭素換算で555 MtCの二酸化炭素が東南アジアの熱帯泥炭湿地から毎年放出されていることになる．この量は，日本の基準年の温室効果ガス総排出量（344 MtC y^{-1}, 1261 MtCO$_2$y^{-1}）の1.6倍に相当する非常に大きな量になっている（図11.2）．つまり，東南アジアの熱帯泥炭湿地からの二酸化炭素放出を止めれば，日本の温室効果ガス排出のすべてが相殺されることになる．

泥炭火災の原因の多くは，アブラヤシなどのプランテーション開発に伴う火入れによるものである．異常乾燥が火災の規模を大きくしているわけであるが，その遠因がプランテーション開発に伴う水路開削と乾燥化にあることを忘れてはならない．ヤシ油は食用油だけでなくバイオディーゼルにも用いられている．バイオ燃料はカーボンニュートラル（植物由来なので炭素循環に影響しない）であることを前提として，土地利用変化による二酸化炭素放出の増加がカウントされないままバイオ燃料生産地の開発が進んでいるという大きな問題が指摘されるようになった（Fargione *et al.*, 2008；Searchinger *et al.*, 2008）．たとえば，熱帯泥炭湿地林のアブラヤシ・プランテーションへの土地利用転換は，バイオディーゼル生産による排出削減を上回る非常に大きな二酸化炭素放出をもたらすため，温室効果ガス排出削減には逆の効果となる（Fargione *et al.*, 2008）．また，泥炭土壌でのアブラヤシ栽培は，土壌の酸性，貧栄養の問題から，多量の土壌改良資材や肥料の投入を続けなくては

収量が維持できないため，貧困のため投入量が不足し放棄された開発地が増加する危険性もある．これらのことから，熱帯泥炭湿地でのアブラヤシ・プランテーションは，国際社会で受容され難く，地域の活性化にも貢献しないと考えられる．地域の社会経済の活性化と地球環境の保全の両立のために，開発されてしまった熱帯泥炭土壌の持続的で有効な利用法の開発が求められている．

11.2 再湛水化による泥炭湿地の保全

過去20年以上にわたり，タイ国南部の熱帯泥炭湿地で泥炭沈下のモニタリングを行った結果，宇都宮大学の長野敏英特任教授らは，乾燥化した開発地では火事による焼失を除き1年間で最大5.9 cmの泥炭が消失したことを明らかにした（平均地下水位 −41 cm，Nagano et al., in preparation）．この泥炭消失は20 tC ha^{-1} y^{-1}の二酸化炭素放出速度に相当し，泥炭湿地開発地が巨大な二酸化炭素放出源になっていることを示している．またWöstenらは，マレーシア（マレー半島部）の泥炭湿地開発地での20年の泥炭沈下のモニタリングデータより，平均地下水位 −40 cmのときに泥炭の沈下速度が3 cm y^{-1}になることを示した（Wösten et al., 1997）．熱帯泥炭湿地開発地からの二酸化炭素放出が問題になったのは2000年以降であり，大きな関心がもたれていなかったため，これまでのところ，水位低下・乾燥化と泥炭消失・二酸化炭素放出との関係を長期にわたるモニタリングで示した例はほとんどない．

泥炭沈下量から二酸化炭素放出量を推定するためには，乾燥による泥炭の収縮や圧密などの，二酸化炭素放出を伴わない沈下分を差し引く必要があり，簡単なことではない．このため，土壌呼吸（地面からの二酸化炭素放出フラックス）測定という手法を用いて二酸化炭素の放出量の推定が行われている．さまざまな水位環境で測定が行われており，水位低下，乾燥による泥炭からの二酸化炭素放出の増加に関するデータも蓄積し始めている．また，風速と二酸化炭素濃度の変動を計測して二酸化炭素放出フラックスを算出する渦相関法という方法でもモニタリングが行われている（Hirano et al., 2009）．これまでのところ，湛水状態にある泥炭土壌表面からの二酸化炭素放出速度は

0-2 tC ha^{-1} y^{-1} 程度であるが，排水により地下水位が-40 cm 以下に低下し乾燥化すると 15-25 tC ha^{-1} y^{-1} 程度にまで増加するという推定値が得られている．この値は，前述（11.1節）のタイ国南部の泥炭湿地の泥炭沈下量から算出された値とほぼ同じ値である．

　熱帯泥炭湿地開発地からの二酸化炭素放出量が膨大であり，地球温暖化防止の観点から注目されている．しかし，乾燥した泥炭からどれくらいの二酸化炭素が放出されるのか，地下水位と二酸化炭素放出速度の関係，開発地に水をため湛水状態に戻すと二酸化炭素放出がどれくらい減るのか，といった点に対して，いまだに明瞭に答えられる段階にない．泥炭湿地開発地での二酸化炭素放出速度と泥炭沈下速度および水位などの環境条件を同時にモニタリングすることにより，これらの問いに答えていく必要がある．それによって，地球温暖化防止のために熱帯泥炭湿地開発地をどう扱えばよいのかについての指針が得られるだろう．また，二酸化炭素以外の温室効果ガスであるメタンや亜酸化窒素のモニタリングも行い，総合的に判断する必要がある．

11.3　湛水環境での造林と木質バイオマス生産

　アジアの熱帯泥炭湿地の自然植生は泥炭湿地林である（図11.3）．泥炭湿地林の純一次生産量（土地面積あたりの光合成による炭素固定速度）は大きく，バイオマスも大きい．しかし，一度破壊された泥炭湿地が自然にもとの森林に戻るのは100年以上を待たなくてはならない．また，開発によって乾燥化した泥炭湿地は，もとの環境とは大きく異なり，もとの森林には戻らない．湛水状態を維持することにより，たとえもとの森林に戻ったとしても，地元住民に価値のある森林でなければ，また破壊されてほかの土地利用に転換されるリスクも大きい．筆者らは，開発されてしまった熱帯泥炭土壌の持続的で有効な利用法の開発の前提となる，泥炭湿地の造林技術の開発を行っている．

　現在，アブラヤシのプランテーションやパルプ材用のアカシアのプランテーションが東南アジアの泥炭湿地に拡大しているが，地下水位をある程度下げて（-40 cm以下）乾燥状態で管理すれば植栽は簡単なようである．酸性，貧栄養の土壌条件に対しては，土壌改良材や肥料の投入により，成長，収量

図 11.3　熱帯泥炭湿地林（タイ南部ナラティワート県トデーン．観測塔より望む）．

を維持していく方策が採られている．ただ泥炭の分解により地盤が低下していくので，排水が困難になり，湛水ストレスにより成長，収量が低下し放棄される可能性が高く，持続性が保証されない．また，乾燥化した泥炭からは前述のように多量の二酸化炭素が放出されるため，地球温暖化防止の観点からも問題がある土地利用である．

　二酸化炭素放出を抑制するためには，湛水状態で泥炭を維持する必要があるが，湛水条件下での造林は非常に難しい．水の中は酸素の拡散速度が遅く，根が酸素欠乏状態になる．また，泥炭は密度が低く，樹木をしっかり支えることができない．さらに酸性，貧栄養の悪条件も重なる．泥炭湿地林に自生する樹木はこれらの環境ストレスに対して適応する機構を備えているが，ただその苗木を植えれば育つというわけではない．苗木の育て方に問題があるかもしれないし，自然の泥炭湿地と開発放棄地では環境条件が大きく異なるかもしれない．また，小さい苗木と大きな木では環境ストレスへの適応の仕方が異なるのかもしれない．まだ苗木の環境ストレス応答や耐性に関する研究は進んでおらず，湛水条件下での熱帯泥炭湿地での造林の事例報告もほと

んどない．唯一の成功事例としては，タイ国森林局のタニット＝ヌイム氏がタイ南部の泥炭湿地でいくつかの造林可能樹種を選抜しており，マウンド造成による造林技術の開発を行った（Nuyim, 1997）．筆者らはタニット＝ヌイム氏と共同で，荒廃した泥炭湿地環境のストレスに耐性をもつ Melaleuca cajuputi Powell というフトモモ科の樹木を用いて，造林技術の開発とバイオマス生産量の推定を行っている．

Melaleuca cajuputi は，タニット＝ヌイム氏が選抜した造林可能樹種の1つである．泥炭で高さ30 cmほどのマウンドを作り湛水期間を短くしてストレスを回避した場合に，多くの樹種で生存率が高くなり樹高成長が大きくなったが，マウンドの効果には種間差があった（Nuyim, 1997）．このことから湛水ストレスが植栽時の苗木の生存率や初期成長に大きな影響を及ぼしていることがわかった．このときマウンドがなくても成長がよく，マウンドの効果が明瞭でなかったのが Melaleuca cajuputi であり，この種が非常に強い湛水耐性をもっており，泥炭湿地造林樹種として有望であることがわかっていた．この Melaleuca cajuputi が熱帯泥炭湿地荒廃地の環境修復に有効ではないかと考え，自身の国際共同研究プロジェクトに筆者らのグループを引っ張り込んでくれたのが，田村三郎・東京大学名誉教授であった（田村, 1998）．筆者らは佐々木恵彦・東京大学名誉教授のグループの一員として，1994年からタイでの国際共同研究に参加することになったが，このときはまだ地球温暖化問題もそれほど取り上げられることもなく，ましてや泥炭湿地開発地が大きな二酸化炭素の放出源になっていることは知られていなかった．

この Melaleuca cajuputi は非常に強い湛水耐性をもち（Yamanoshita et al., 2001），湛水耐性種として知られている Eucalyptus camaldulensis Dehnh. の成長が阻害される低酸素の実験条件下でも成長の低下がほとんどない（Kogawara et al., 2006）．また Melaleuca cajuputi は，強酸性土壌条件で植物の生育上問題となるアルミニウムの過剰に対しても非常に高い耐性を示す（Tahara et al., 2005）．火災が頻発する熱帯低湿地の環境に適応した生理的，生態的な特性をもっており，ほかの樹種が育たないような場所で純林に近い二次林を造るが（図11.4），泥炭湿地自然林の構成種にはならない（第11章コラム参照）．

Melaleuca 属樹木は，葉の精油成分に薬効があるため，葉を採取するため

図11.4 *Melaleuca cajuputi* 林（タイ南部ナラティワート県）．

に造林されている．*Melaleuca cajuputi* はインドネシアのジャワ島などで小面積ながら造林されており，またベトナムのメコンデルタの酸性硫酸塩土壌地帯でも一部で造林されている．人工林よりも二次林としての資源量（バイオマス）のほうがはるかに大きいが，木材の用途開発が行われていないため，放置されている林も多い．二次林から生産される木材は小径で，主に足場丸太や薪炭材として用いられている．

これまでタイでは，*Melaleuca cajuputi* を植栽する際に山引き苗が用いられてきた．この山引き苗は，植栽2，3カ月前に二次林の林内に自然に発生した稚樹を掘りとってポットに詰めて作られる．山引き苗の得苗率（苗木になる率）は低く，山引きから期間が経過するほどさらに得苗率が低下してしまい，育苗法に問題があった．筆者らは泥炭湿地植栽に適した *Melaleuca cajuputi* の育苗法として，実生苗（種子から育てた苗）の生産システムを開発した．この生産システムは，播種から植栽直前まで湛水状態で管理するもので，これにより，従来行われてきた山引き苗を用いる育苗法に比べて，苗の大量生産，高得苗率，苗畑管理の簡易化を達成できた．

筆者らは現在，タイ森林局やチャイパッタナー基金と共同で，タイ南部のナコンシタマラート県で，このように育苗した *Melaleuca cajuputi* 苗の植栽

図 11.5 タイ南部ナコンシタマラート県の泥炭湿地域における植栽試験.

試験を行っている（図11.5）．苗木が水没してしまうほど湛水深が深くなければ，湛水した泥炭湿地でも活着率（苗木の生き残る率）が十分に高いことがわかった．しかし，最近では洪水や渇水といった異常気象の頻度が高まっており，より広汎な水位条件に対応するように育苗法や造林法を改良していく必要がある．また，その際には，低エネルギー投入，低コストの手法であることが求められる．今のところ，湛水した泥炭湿地の造林で高い活着率を示し，十分な成長量を示すのはこの *Melaleuca cajuputi* だけであり，今後は樹種の特性を理解しつつ，なるべく多くの樹種の育苗法，造林法を開発していく必要がある．

　タイ南部のナコンシタマラート県の低湿地に地元の篤農家が植えた *Melaleuca cajuputi* 人工林がある．この人工林の，植えてから15年目のバイオマスの推定を行った．バイオマスを推定するためには，いくつかの試料木を伐倒し，根を掘り出して，葉，枝，幹，根といった各部分の重量を求める必要がある．胸高直径（地上1.3 mの高さの幹の直径）あるいは胸高直径の2乗に樹高をかけたものと，各部分の重量とに相対成長関係（$y=ae^{bx}$）があることを利用して，試料木のデータから相対成長関係を表す関数式（相対成長式）を作り，林に生えている全部の木の胸高直径や樹高を測定し，この相

対成長式に入れて林全体のバイオマスを求める．こうして15年生の *Melaleuca cajuputi* 人工林のバイオマスを推定したところ，地上部（幹・枝・葉の合計）が1 ha あたり133 トン，根が33 トン，合計で166 トンという値（乾燥重量）が得られた（山ノ下ら，未発表）．これを15年で割ると，1年あたり1 ha あたり11 トンのバイオマス成長量になる．炭素に換算すると5.5 $tC\ ha^{-1}\ y^{-1}$ の炭素をバイオマス中に固定したことになる．この人工林は，泥炭湿地ではなく，酸性硫酸塩土壌地域に植えられたものであるが，地下水位が高くほぼ常時湛水条件であり，泥炭湿地の湛水条件での造林の目標値として参考になる値である．

11.4 湿地林樹木のバイオマス利用

　現在のところ，アジアの熱帯泥炭湿地の開発は，アブラヤシやパルプ用材のプランテーションであり，排水，乾燥化が行われる．乾燥化による二酸化炭素放出は，開発企業や地元住民にとっては外部経済であり，考慮されない．これらのプランテーションは持続性がない土地利用であることは一部の企業は理解しているかもしれないが，短期的な収益があれば投資が行われる．したがって，乾燥化による泥炭からの二酸化炭素放出を抑制するためには，これらのプランテーションに匹敵する収益があるバイオマス生産システムを湛水状態の泥炭地で開発しなくてはならない．

　筆者らは泥炭湿地開発地や放棄地をふたたび湛水化し，*Melaleuca cajuputi* の造林による木質バイオマス生産を行うことを提案しているが，前節で述べたように *Melaleuca cajuputi* 人工林のバイオマス成長量は十分に大きいものの，現在の木材の用途では木材販売価格が非常に安く，乾燥した泥炭地でのアブラヤシやパルプ用材のプランテーションから得られる収入には及ばない．そのため木材の高付加価値化に関する技術開発や副産物の利用技術の開発を行って，*Melaleuca cajuputi* 人工林の経済性を高める必要がある．

　二次林の *Melaleuca cajuputi* 材は小径であるため，板材や角材や合板用の単板などには使いにくい．このため，これまでの *Melaleuca cajuputi* 材の用途開発としては，木材チップをセメント板やセメントブロックに混ぜ，強度を維持して軽量化するための材料として使う研究が行われている（佐藤，

図 11.6 *Melaleuca cajuputi* の樹皮.

2005).また，*Melaleuca cajuputi* 材チップから作ったパーティクルボード（木材の小片と接着剤を混ぜて熱圧成型して作る板）の性能は十分であることが確認されている（足立ら，未発表）．しかし，木材チップの価格は非常に安く，*Melaleuca cajuputi* 人工林の経済性を高めるためには，チップではなく製材，集成材，合板などの材料としての用途を開発する必要があり，そのためには人工林で伐採される樹木のサイズを大きくするように森林造成の方法もあわせて考える必要がある．

Melaleuca cajuputi は，非常に厚い樹皮をもち（図 11.6），15 年生の人工林の樹皮量は $13\,\mathrm{tC\ ha^{-1}}$ という大きな量である（山ノ下ら，未発表）．この樹皮の用途はほとんどなく捨てられているが，東京大学アジア生物資源環境研究センターの井上雅文准教授と足立幸司特任助教（現・秋田県立大学准教授）のグループは，この樹皮に注目し，樹皮-プラスチック複合材の開発を進めている．*Melaleuca cajuputi* の樹皮は紙状の薄い層が何層も重なっており，ふかふかで，撥水性が高い．この性質を利用して新たな木質系新素材が開発されれば，総合的に *Melaleuca cajuputi* 人工林の経済性が高まると期待される．

また，*Melaleuca cajuputi* 以外の泥炭湿地造林候補樹種の中には，堅くて音響性能がよい，あるいは非常に軽いなどの特徴的な材質をもつ樹種があり

(足立ら，未発表)．これらについても造林技術の開発とともに利用技術を開発することによって，湛水状態を維持した森林造成による泥炭の保全に寄与することができる．

11.5 熱帯泥炭湿地における持続的生産システム

これまで述べてきたように，泥炭湿地のプランテーション開発は持続性がなく，泥炭土壌の特殊な性質から放棄されるリスクが高い．開発には排水による乾燥化が必要であり，乾燥化している間は二酸化炭素が地面から放出され続ける．泥炭の乾燥化を伴うプランテーション開発はただちに中止すべきであり，現在残っている熱帯泥炭湿地自然林は，地球温暖化防止の観点からはもちろん，その特殊な生態系は生物多様性の保全上もきわめて貴重であり，保護されるべきである．では開発されてしまった泥炭湿地はどうすればよいか．森林火災の被害を受けただけの比較的自然度の高い二次林などは，もとの泥炭湿地林のような多様性の高い森林に再生するのがよいだろう．待っているだけでは再生に時間がかかるので，自力では定着しない樹種を造林する必要がある．これまでは経済的利益に結びつかない造林技術の開発はほとんど行われていなかったが，生態的，生理的特性を1つ1つの樹種について理解しながら造林法を開発する必要がある（第1章参照）．

開発され乾燥化したプランテーションにかわる土地利用として，筆者らは *Melaleuca cajuputi* 人工林による木質バイオマス生産を提案している．前節（11.4節）でも述べたように開発の圧力がある泥炭湿地では，アブラヤシやパルプ用材のプランテーションに匹敵する収益がある生産システムでなくてはならない．また，地球温暖化防止のための泥炭湿地の利用システムであるから，プランテーションの土地利用に対しどれだけの二酸化炭素排出削減効果が得られるのかを明らかにしなくてはならない．

ここではアブラヤシ・プランテーションと比較して *Melaleuca cajuputi* 人工林による木質バイオマス生産システムの効果を考える．まず二酸化炭素の排出削減効果であるが，これはアブラヤシ・プランテーションと *Melaleuca cajuputi* 人工林の2つの生態系の炭素収支を生産生態学的な手法で測定することと（11.3節），乾燥あるいは湛水状態の泥炭土壌からの二酸化炭素放出

をモニタリングすること（11.2 節）により明らかにする必要がある．まだ十分なデータは取得できていないが，今のところ乾燥化したアブラヤシ・プランテーションと湛水状態の *Melaleuca cajuputi* 人工林とで純一次生産量が同等（11–12 tC ha^{-1} y^{-1}）である場合，二酸化炭素排出削減ポテンシャルは 17 tC ha^{-1} y^{-1} に達すると推定された．温室効果ガス排出権が 1 tCO$_2$ あたり 1000 円とすると，1 ha の *Melaleuca cajuputi* 人工林により，毎年 6 万 2000 円の排出権売却益が得られることになる．

　Melaleuca cajuputi 人工林による木質バイオマス生産システムの経済性に関しては，システムの設計とデータの収集を進め，さらに現地での実証試験のデータも取り入れて，現実的な値を得ることが必要である．アブラヤシ農家の年間収入は，15 年間で平均すると 1 ha あたり 8 万円程度が見込まれているが，*Melaleuca cajuputi* 人工林では 1 ha あたり年間 7 万円程度の木材売却収入が得られると予想される．温室効果ガス排出削減の効果に関し，*Melaleuca cajuputi* 人工林所有者にいくらかの経済的利益が与えられれば，十分にアブラヤシ・プランテーションに対抗できる生産システムであるといえそうだ．

　熱帯泥炭湿地域は，農業開発が困難で食料生産の生産性が低く，低位の土地利用しか行われてこなかったため，地域経済の発展が遅れ貧困の問題も生じている．近年のアブラヤシ・プランテーション開発は地域経済を発展させるものとして期待されているが，実際には肥料や土壌改良材などの資材を多量に投入しないと十分な生産量が維持されないため，とくに貧困な農民によって経営されているアブラヤシ園では，資材投入が十分に行われず十分な収量が得られない可能性が高い．こうした地域を対象とした開発プロジェクトでは，プロジェクト実施による社会経済的影響を考慮することが重要であるが，*Melaleuca cajuputi* 人工林による木質バイオマス生産システムは，地域の社会経済の活性化の観点から大きな効果をもつと考えられる．地球温暖化防止，地域活性化が調和的に同時に達成される熱帯泥炭湿地の持続的土地利用システムの構築に向けて，地元住民や政策決定者に対し科学的なデータを示すことで学術面から貢献していく必要がある．

引用文献

Andriesse, J. P. 1988. Nature and Management of Tropical Peat Soils. FAO Soils Bulletin 59. Food and Agriculture Organization of the United Nations, Rome.

Fargione, J., J. Hill, D. Tilman, S. Polasky and P. Hawthorne. 2008. Land clearing and the biofuel carbon debt. Science, 319：1235-1238.

Hirano, T., J. Jauhiainen, T. Inoue and H. Takahashi. 2009. Controls on the carbon balance of tropical peatlands. Ecosystems, 12：873-887.

Hooijer, A., M. Silvius, H. Wösten and S. Page. 2006. PEAT-CO_2, Assessment of CO_2 emissions from drained peatlands in SE Asia. Delft Hydraulics report Q3943. http://www.wetlands.org/LinkClick.aspx?fileticket=NYQUDJl5zt8%3D&tabid=56（2013.1.9）

Kogawara, S., T. Yamanoshita, M. Norisada, M. Masumori and K. Kojima. 2006. Photosynthesis and photoassimilate transport during root hypoxia in *Melaleuca cajuputi*, a flood-tolerant species, and in *Eucalyptus camaldulensis*, a moderately flood-tolerant species. Tree Physiology, 26：1413-1423.

Nuyim, T. 1997. Peatswamp forest rehabilitation study in Thailand. pp. 19-25. Proceedings of the International Workshop of BIO-REFOR in Brisbane, Australia.

Page, S. E., F. Siegert, J. O. Rieley, H.-D. V. Boehm, A. Jaya and S. Limin. 2002. The amount of carbon released from peat and forest fires in Indonesia during 1997. Nature, 420：61-65.

Page, S. E., R. A. Wüst, D. Weiss, J. O. Rieley, W. Shotyk and S. H. Limin. 2004. A record of Late Pleiocene and Holocene carbon accumulation and climate change from an equatorial peat bog (Kalimantan, Indonesia)：implication for past, present and future carbon dynamics. Journal of Quaternary Science, 19：625-635.

Parish, F., A. Sirin, D. Charman, H. Joosten, T. Minayeva, M. Silvius and L. Stringer, eds. 2008. Assessment on Peatlands, Biodiversity and Climate Change：Main Report. Global Environment Centre, Kuala Lumpur, Malaysia and Wetlands International, Wageningen.

Rieley, J. O., R. A. Wüst, J. Jauhiainen, S. E. Page, H. Wösten, A. Hooijer, F. Siegert, S. H. Limin, H. Vasander and M. Stahlhut. 2008. Tropical paetlands：carbon stores, carbon gas emissions and contributuion to climate change processes. *In* (Strack, M., ed.) Peatlands and Climate Change. pp. 148-181. International Peat Society, Jyväskylä.

佐藤雅俊．2005．メラルーカ材を用いた木片セメント板及び木片セメントブロックの試作．熱帯林業，64：42-48．

Searchinger, T., R. Heimlich, R. A. Houghton, F. Dong, A. Elobeid, J. Fabiosa, S.

Tokgoz, D. Hayes and T.-H. Yu. 2008. Use of U. S. croplands for biofuels increases greenhouse gases through emissions from land-use change. Science, 319：1238-1240.

Tahara, K., M. Norisada, T. Hogetsu and K. Kojima. 2005. Aluminum tolerance and aluminum-induced deposition of callose and lignin in the root tips of *Melaleuca* and *Eucalyptus* species. Journal of Forest Research, 10：325-333.

田村三郎．1998．地球環境再生への試み．研成社，東京．

Wösten, J. H. M., A. B. Ismail and A. L. M. van Wijk. 1997. Peat subsidence and its practical implications：a case study in Malaysia. Geoderma, 78：25-36.

Yamanoshita, T., T. Nuyim, M. Masumori, T. Tange, K. Kojima, H. Yagi and S. Sasaki. 2001. Growth response of *Melaleuca cajuputi* to flooding in a tropical peat swamp. Journal of Forest Research, 6：217-219.

コラム

Melaleuca cajuputi の営み

Melaleuca cajuputi Powell はオーストラリア北部から東南アジアにかけて分布するフトモモ科の樹木で，東南アジアの人為影響を受けた低湿地ではよく純林を形成する．植物の生育にとってきわめて過酷な問題土壌である，泥炭土壌，酸性硫酸塩土壌，貧栄養砂質土壌が東南アジアの低地では広く分布しており，*Melaleuca cajuputi* の純林は決まって火事などで裸地になったことがあるこれらの土壌上に形成される．逆に，多くの樹種が生育している森林中に *Melaleuca cajuputi* を見ることはまれである．

この分布特性を見ただけで *Melaleuca cajuputi* の非凡な性質がうかがえよう．まず，*Melaleuca cajuputi* の特殊な性質として，問題土壌に起因するストレスである，湛水（酸欠），強酸性，貧栄養，高アルミニウム濃度などに非常に強い耐性をもつということが挙げられる．さらに，ほかの熱帯湿潤地域の樹木がその進化の過程で克服してこなかったであろう，火事という条件に対しても *Melaleuca cajuputi* は対応できるのだ．そして，この火事が *Melaleuca cajuputi* の繁殖に一役買っている．

Melaleuca cajuputi の種子は非常に小さく，蓄えられている養分も少ないために，発芽後の根は長く伸びることができず，落葉や砂の上で発芽すると，その後のちょっとした乾燥で死んでしまう．林床のような光が弱い場所でも発芽後に枯死していく．しかし，火事が起きると，林床の落葉も燃えて土層が露出し，さらに植生も燃えてなくなるために，光と水分条件が発芽・成長に有利な条件となる．火事によって *Melaleuca cajuputi* の繁殖に有利な環境が作られるが，では *Melaleuca cajuputi* は火事を生き抜くことができるのだろうか．

Melaleuca cajuputi の樹皮は厚く層状に発達しており，幹の断面積の半分以上を樹皮が占めている個体も珍しくない．その厚い樹皮はふかふかで空気を含んでおり，あたかも断熱材のようである．そのため，火事の際の焼け方が弱い場合は，幹が生き残り，その後

図1 火事で泥炭が焼け，根が露出した *Melaleuca cajuputi*.

芽吹いて復活し始める．しかし泥炭土壌では，根に沿って地下に火が回ってしまうことが多々ある（図1）．その場合，泥炭がある程度の深さまで燃え，*Melaleuca cajuputi* の木は枯死するが，種子に後を託す．

Melaleuca cajuputi の種子は蒴果中に入っており，その蒴果は熟してから1年以上，ときには5年以上も種子を含んだまま枝に着いているため，多量の種子が樹上に蓄えられている．種子は直接炎にさらされると短時間で燃えてしまうが，樹上の蒴果の中にあることで，炎から守られて，発芽能力を失わないでいられる．火事の際に，熱ではなく枝の枯死に伴う乾燥で蒴果が開いて種子が散布されるので，火事と種子が散布されるタイミングがずれ，散布された種子が炎や熱にさらされる危険度が減る．

火事によって大量の種子が散布され，焼けて地盤高が低くなったところ，つまりより地下水面に近いところで主に発芽・成長していく．しかし，そのような場所は燃えなかった場所に比べて早い時期に湛水状態となり，発芽後の成長が遅い *Melaleuca cajuputi* の芽生えは水中に没してしまうことが多々ある．

普通の陸生植物はここで死を迎えるが，*Melaleuca cajuputi* の芽生えは，薄く細長く形態を変えた葉を出し，わずかではあるが成長を続ける．雨季後に水面から出ると，なにごともなかったかのように普通の形の葉を出して旺盛に成長していく．

砂地では，表土が乾きやすいので火事後の種子繁殖はほとんど見られない．しかし，驚くべきことに，そのような環境では *Melaleuca cajuputi* は無性繁殖するのだ．表土付近に伸びた根から芽を出し，成長していく．

Melaleuca cajuputi は，ほかの種が死に絶えてしまうような劣悪土壌環境での火事を生き延び，逆に繁殖の機会とし，形態まで変化させてその後の環境で成長していくといったしぶとさを見せてくれる．逆に火事がないと，*Melaleuca cajuputi* の繁殖は進まず，長い時間をかけてほかの種の森林に変わっていくだろう．

〔山ノ下卓〕

第 12 章　　　　　　　　　　　　　　　　　　　　　山ノ下麻木乃

地域と地球を結ぶ
―― 地域住民のケイパビリティ

12.1　途上国の森林管理は地球規模の問題

　無計画な森林伐採は，周辺地域の環境の悪化やその国の森林資源の枯渇による林産業の衰退といったその地域・国レベルの問題をもたらすものとみなされてきた．しかし，地球温暖化による気候変動が世界的に深刻な問題であることが認識される中で，森林のもつ生態系サービスの 1 つである CO_2 吸収機能への関心がかつてなく高まっている．地球の陸地面積の 31%（約 40 億 ha）を占める森林は約 650 Gt の炭素を蓄積しており，地球の炭素収支の中で巨大なシンクの役割を果たしている（FAO, 2010）．その森林が伐採や火災によって失われると，それまで蓄積されていた炭素が大気中に CO_2 として放出され温暖化を加速する．2004 年の世界の温室効果ガス（GHG：Green-House Gas）排出量 490 億 tCO_2 のうち森林分野からの排出は全体の 17.4% を占めていて，エネルギー産業（26%），工業分野（19%）と並んで大きな GHG 排出源となっている．現在も天然林が多く残っている熱帯地域の途上国における森林減少だけで年間 30 億 tCO_2 が放出されており（Harris *et al.*, 2012），これは日本の GHG 総排出量 12.6 億 tCO_2（温室効果ガスインベントリオフィス，2012）の 2.5 倍に匹敵する．森林減少防止による排出削減や植林によるカーボンシンクの拡大は，低コストで大きな地球温暖化防止効果をもたらすだけでなく，これらの活動によって生物多様性保全，水源涵養など森林のもつさまざまな生態系サービスの維持・改善という相乗効果も期待できる（IPCC, 2007）．

　このように，途上国における持続的な森林管理は，世界レベルで取り組まなければならない気候変動緩和策として国連気候変動枠組条約で議論されて

12.2 森林資源管理は地域住民の土地利用選択

　森林資源保全が地球レベルの気候変動緩和策と認識されるようになっても，地域住民の生活に密着した問題であることには変わりはない．現在世界では約13億人が森林に生活を依存しているといわれている (Chao, 2012)．さらに森林減少の原因に着目すると，企業または政府による商業目的の伐採や農地・放牧地への転換が主な原因であると同時に，地域住民による焼畑など彼らの生活のための農地への転換も大きな要因となっている．アジアとアフリカでは森林減少の約4割が地域住民による農地転換によって生じている (Kissinger *et al.*, 2012)．途上国の持続的な森林資源管理の実現には，地域住民が生活のために森林を農地に転換するかわりに，彼らの生活を維持，さらには向上させながら森林を維持したり，すでに森林が失われた場所に植林するという土地利用を選択できる社会環境を作り出す必要がある．

12.3 京都議定書と A/R CDM

(1) 京都議定書における森林の取り扱い

　1997年に合意された気候変動枠組条約（UNFCCC）における京都議定書では，地球温暖化問題における共通だが差異ある責任という概念にもとづき，歴史的に地球温暖化に加担してきた先進国に法的拘束力のある GHG 排出削減の数値目標を課すことが決定した (UN, 1998)．先進国の目標達成には，自国の排出削減への取り組みに加え，他国における排出削減量をカーボンクレジットとして市場から調達し，自国の排出削減目標達成に活用することができる京都メカニズムが導入された．なかでもクリーン開発メカニズム (CDM：Clean Development Mechanism) は，先進国が途上国における排出削減または植林吸収プロジェクトに投資し，その結果として生じた排出削減・吸収量をカーボンクレジットとして先進国が受け取り，目標達成に使用することができるという制度である．CDM では，新規植林・再植林が対象とな

る活動に含まれているが，現存する森林の減少と劣化の防止による排出削減に関しては，定量化が難しく取り扱いが困難であることから対象とされなかった（小林，2008）．2012年現在，ポスト京都議定書における新たな国際的な制度として，REDD+（Reducing Emissions from Deforestation and forest Degradation in Developing Country）が気候変動枠組条約締約国会議において議論されている（UNFCCC, 2011）．

(2) 森林に経済的なインセンティブを与える A/R CDM

企業の経済活動によって排出されてきた GHG は，地球温暖化という損失を社会に与えるが，その企業に対しては直接的な損失は与えない外部不経済であるため，GHG 排出削減活動に対して市場原理が働かなかった．つまり，排出する当事者がコストを負担して排出削減努力をすることはなく GHG が排出され続けてしまうので，何も対策をとらなければ地球温暖化は経済活動の拡大とともに加速してしまうことになる．CDM はこれを防止する対策としてインセンティブを利用しようとする制度である．インセンティブとは特定の選択を行うことが意思決定者にとって望ましくなるような便益のことを指す（スティグリッツ，2003）．CDM ではこれまで経済的な価値のなかった GHG 排出削減という活動に，市場で取引できるカーボンクレジットという新しい価値を付加することで，それをインセンティブとして企業が排出削減活動を選択することを促そうとする仕組みである．

この工業分野での取り組みは植林分野でも A/R（Afforestation/Reforestation）CDM として導入された．A/R CDM では，植林した森林の成長に伴う炭素吸収量に応じてカーボンクレジットを発行することによって，森林という土地利用が選択されるためのインセンティブが生じることになる．たとえばカーボンクレジットからの収入が得られれば，今まで荒廃地として放置されてきた土地にコストをかけて植林を実施することが促進される．また，カーボンクレジットの収入が畜産による利益を上回れば放牧地の植林地への転換を誘導することになり，より地球温暖化防止に貢献する土地利用である森林の面積拡大に繋がることになる．これまで，途上国農村部は遠隔地であることから商業的な植林は進まず，植林の資金は ODA（政府開発援助）や NGO（非政府組織）による支援に限られていた．A/R CDM が普及すれば農

村部の住民がカーボンクレジットという新しい財によって形成される新しいマーケットにアクセスできるようになり，新たな資金ソースをもたらすことが農村開発さらには貧困削減にも貢献することが期待された（Yamanoshita and Amano, 2012）．

12.4　地域住民の土地利用選択とケイパビリティ

　人の意思決定を論ずるにあたって，経済的なインセンティブのみに注目することに異議を唱えているのが，アマルティア・センである（セン，1999）．経済学におけるインセンティブ論では，すべての人がインセンティブとして与えられた便益に対して同じように反応し，経済的な合理性にもとづき同じ意思決定を行うことが前提とされており，A/R CDM もまたその理論にもと

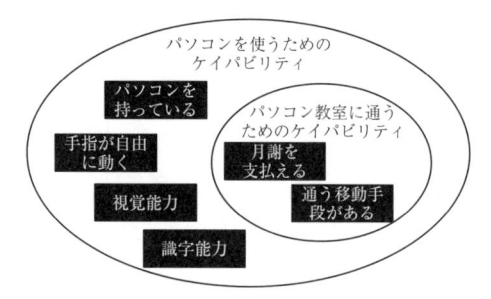

図12.1　ケイパビリティと機能の概念図（パソコンを使うためのケイパビリティの例）．図中の四角は機能，楕円はケイパビリティを示している．パソコンを使うためのケイパビリティは，手指が自由に動く，視覚能力，パソコンを持っている，識字能力などの「機能」と，パソコン教室に通うことができるための「ケイパビリティ」で構成される．さらに，パソコン教室に通うためのケイパビリティは，月謝を支払える，教室に通う移動手段があるという機能で構成される．これらの機能，ケイパビリティが欠けていると，その人は「パソコンを使うこと」を達成することができない．パソコンを使うことができない人をできるようにするためには，その人に欠けている「機能」や「ケイパビリティ」に着目し，適切な支援を行う必要がある．

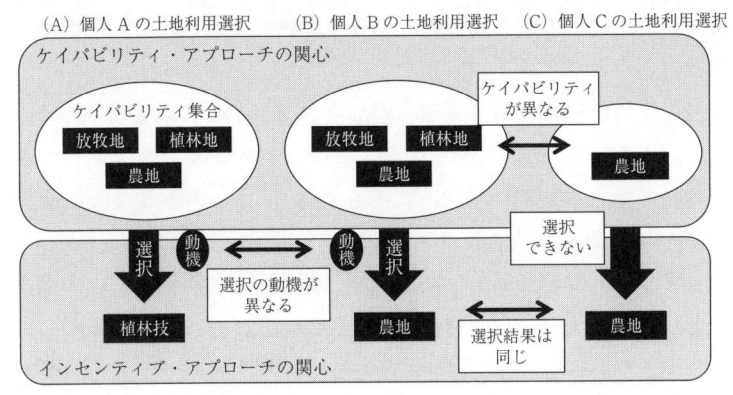

図 12.2 土地利用選択を理解するためのケイパビリティ・アプローチとインセンティブ・アプローチの関心の違い．ケイパビリティ・アプローチは，各個人の選択肢のリストであるケイパビリティの集合に着目するが，インセンティブ・アプローチでは「個人の選択の結果」に関心があり，「どのような動機が選択結果に影響を与えるか」に着目する．インセンティブ・アプローチでは（C）のような，選択肢が限られた状態にある個人を見つけることができない．

づいている．しかし，センは，人々のケイパビリティ（潜在能力，達成できること）の多様性に着目し，その前提を批判している．彼の提唱するケイパビリティ・アプローチでは，ある人のケイパビリティは，その人のできることやその人の置かれている状況である「機能（functioning）」の組み合わせで構成されると考える（図 12.1）．「機能」には，その人がもつ財だけでなく，その人の身体能力，健康状態，知識，経験などが含まれる．人が「あることを達成する」ためには，自らがもつさまざまな能力（「機能」）を組み合わせて活用することによって達成することができるが，その状態を「その人があることを達成するケイパビリティをもっている」とみなす（図 12.1）．逆に，その人があることを達成するのに必要な「機能」，つまりケイパビリティを構成する「機能」に欠けていれば，その人はそれを達成することはできない．

人が行動を起こすとき，その人は自分が実行可能な行動の選択肢の中から動機に応じて適した行動を 1 つ選択して実行する．したがって，その人のもつ行動の選択肢のリストはその人がもつケイパビリティのリストであると考えられる．個人のケイパビリティは多様であり，それぞれがもつ選択肢は異なる（図 12.2）．より高いケイパビリティをもった人は行動の選択において

自由度が高く，選択の際の動機に従ってたくさんの選択肢のリストから適切な1つを選ぶことができる（図12.2（A），（B））．一方，ケイパビリティの低い人の選択肢は限られており，選択の余地がないこともある（図12.2（C））．

また，意思決定を理解するために経済的なインセンティブに着目するアプローチでは「個人の選択の結果」に関心があり，「どのような動機が選択結果に影響を与えるか」に着目する（図12.2）．そして，経済的な便益をインセンティブとして選択の動機に働きかけ，個人の選択を望ましい方向に誘導することを試みる．図12.2の個人Bの土地利用選択の結果を農地から植林地に誘導するためには，植林に経済的な便益が与えられるような政策を実施し，植林による便益が農業を上回るような状況を作り出す必要があることが明らかになる．これに対して，ケイパビリティ・アプローチでは，個人の選択肢のリストであるケイパビリティに注目する．図12.2で，個人Bと個人Cが実際に選択している土地利用は双方ともに農地である．しかし，ケイパビリティの高い個人Bは3つの土地利用選択肢から農地を選択しているが，ケイパビリティの低い個人Cには農地しか選択肢がないことが明らかになる．人々の選択のプロセスに注目することで，インセンティブ・アプローチでは明らかにすることができない，結果として同じ選択をしている個人間のケイパビリティの違いを明らかにすることができるようになる．

A/R CDMはインセンティブ・アプローチにもとづき，植林地という土地利用選択に経済的な便益を与える制度である．しかし，この制度によって植林に経済的なインセンティブを与えても，図12.2の個人Cのようにケイパビリティが低く，土地利用選択肢のリストに植林地が含まれていない人々の土地利用選択に影響を与えることはできない可能性が高い．A/R CDMプロジェクトは貧困が問題となっている途上国農村部で実施される．A/R CDMプロジェクト参加者は，経済的に貧しいだけでなく教育機会の欠如などの社会的な問題を抱えている住民であり，都市部の住民と比べてケイパビリティに差があることは明らかである．このように制度の実際の実施主体のケイパビリティが十分に高くないと想定されるにもかかわらず，「農村部の住民を対象に」工業分野と同様のインセンティブ・アプローチにもとづく制度をそのまま適用するのは難しいのではないだろうか．

12.5 ベトナム A/R CDM プロジェクトの事例
——植林地の持続可能な管理に必要なケイパビリティ

　植林を実施しても，植栽した苗が育たず成林しなかったり，ほかの土地利用に再度転用されてしまえば，その地球温暖化防止効果は失われ，場合によっては新たな CO_2 排出源となってしまう可能性がある．カーボンクレジットを発行する A/R CDM プロジェクトでは，植林した森林を長期間維持することを通じて CO_2 を吸収・固定し，地球温暖化防止に貢献することが重要になる．植林地という土地利用に対し経済的なインセンティブを提供する A/R CDM 制度の導入によって，実際に途上国農村部の住民が植林し，持続的にその森林を管理することができるのかを検証するために，ベトナムで実際に実施されているカオフォン A/R CDM プロジェクトにおいて調査し，植林に必要なコミュニティのケイパビリティを明らかにした研究を紹介する (Yamanoshita and Amano, 2012)．この A/R CDM プロジェクトは独立行政法人国際協力機構（JICA）の支援を受け開発され，筆者もプロジェクト開発に携わり，さらに JICA の支援終了後も継続してプロジェクト対象地での調査を行っている．このプロジェクトに関する情報は，プロジェクト設計書 (Yamada et al., 2009)，JICA の開発調査報告書 (JICA, 2009) に詳細に記述されている．

(1) プロジェクトの概要

　カオフォン A/R CDM プロジェクトは，首都ハノイから 100 km ほどの，ベトナム北西部の山岳部農村地帯の入口にあたる地域のホアビン省カオフォン県で行われている．プロジェクトエリアの森林は，1980 年代に木材供給増加と食料増産のための国策の影響で伐採され農地に転換された．その後，農地としては維持されず，斜面にあったことも災いして荒廃放棄地となり，A/R CDM プロジェクト開始前には灌木の混じった草地となっていた．土地の権利は小さく分割され，個人（世帯）にその土地使用権が配分されていたが，実際にはその土地使用権にこだわらず，村の住民が薪収集，粗放な放牧，焼畑に利用していた．カオフォン A/R CDM プロジェクトは A/R CDM の制度を適用し植林を実施することで，CO_2 の吸収と固定，荒廃地の土地生産

力や環境の改善，木材生産とカーボンクレジットの販売による地域住民の収入の増加を目的に計画された．具体的には，365 ha の *Acacia mangium* Willd. と *A. auriculiformis* A. Cunn. ex Benth. の植林を実施し，4万1029トンの CO_2 吸収が見込まれている．間伐材，主伐材，カーボンクレジットは販売され，その収益はそのプロジェクトを管理するNPO法人と住民で配分することになっている．カオフォンA/R CDMプロジェクトでは，なぜ彼らがこれまで荒廃斜面に植林をしてこなかったのかについて，事前にプロジェクト参加者にアンケート調査を実施し，その理由を「住民の植林に関する技術と知識の不足」，「住民自身で植林を実施するために必要な資金の不足」であると特定した．そしてこれらの問題を解決するために，プロジェクトでは住民に対して植林に必要な資材と労賃を提供し，必要な技術のトレーニングを実施した．

(2) 調査方法

カオフォンA/R CDMプロジェクトには複数の村が参加しているが，そのうちの1つの村を対象に，植栽実施の3カ月後に調査を実施した．対象村では78世帯中37世帯がプロジェクトに参加し，23.6 ha の荒廃斜面が植林された．対象村の住民に彼らがA/R CDMプロジェクトで直面している問題についてグループで議論してもらう，参加型農村調査手法（Kumar, 2003）を使ったワークショップ形式を中心に調査を実施した．ワークショップは住民のケイパビリティを明らかにするのには効果的な方法であると考えられる．コミュニティの外部からの研究者にとって，コミュニティの状況を短期間に理解することは難しい．しかし，当事者であるコミュニティのメンバーの議論を分析することで，住民が直面している問題の根本的な原因，つまり，植林に必要であるにもかかわらず不足しているケイパビリティを特定することができる．

(3) 植林地が持続的に管理されないリスク

植栽を終えたばかりのプロジェクト参加者の住民を対象にワークショップを開催し，A/R CDMプロジェクトで植栽した森林を長期的に管理するにあたって想定される問題点について議論を行い，さらにそれらの問題点の解決

表 12.1 プロジェクト参加者が特定した A/R CDM プロジェクトにおける非永続性のリスクと解決方法（Yamanoshita and Amano, 2012 より改変）.

非永続性のリスク （直面する問題）	解決方法
(1) 予期しない気象	なし
(2) 非参加者による植林地の破壊	参加者で協力して植林地を守るためのグループを結成する 　——森林を守るためのアウェアネスレイジング 　——破壊に罰金を科すなどルールを厳しくする 　——プロジェクトエリアをフェンスで囲う 村のリーダーにグループを結成してもらうように頼む
(3) 参加者がもとの土地利用に再度転換することを決めること	プロジェクト管理者がプロジェクトを管理し，コントロールする
(4) 森林火災	すべての村人が防火と消火活動に参加する 　——防火帯を作る 　——パトロールチームを組織する 村のリーダーに防火のためのルールを作るよう頼む
(5) 不十分な森林管理	プロジェクト管理者が適切な指示を出す

方法について検討した．その結果，(1) 干害，強風，冬の寒さなど予想外の気象，(2) プロジェクト非参加者が植林地内で放牧したり不法に植栽木を伐採することによって植林地が破壊されること，(3) プロジェクト参加者が植林地を放牧，焼畑などもとの土地利用に転換すると決意すること，(4) 森林火災の発生で植林地が消失すること，(5) 病虫害など不十分な森林管理によって成林しないこと，の5つの問題が特定された（表12.1）．これらはプロジェクトで森林が持続的に管理されないリスクを高める直接的な原因とみなすことができる．(1) はプロジェクトでの対処は難しいが，それ以外の問題についてはより根本的な原因を明らかにし，リスクを低減する方策を検討する必要がある．

植林地がほかの土地利用のために破壊されたり転用される原因を明らかにするために，A/R CDM プロジェクトが対象村の土地利用に与えた影響を68世帯にインタビューを行い調査した．図12.3はプロジェクト開始の前後に，プロジェクトエリア内外で，家畜の放牧，薪収集，焼畑によるキャッサバ栽培を実施していた世帯の数を示している．これらの3つの活動実施場所はプロジェクトの開始前後で変化し，プロジェクトエリア内での活動は大きく減少していた．放牧と薪収集はプロジェクトエリアの外，さらには丘を越えた隣村の土地にまで移動していた．とくに薪収集はほとんどの世帯がプロ

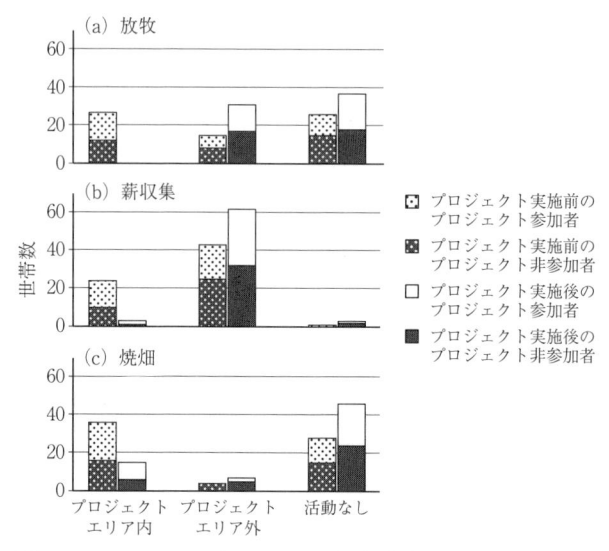

図12.3 A/R CDM プロジェクト実施前後の放牧，薪収集，焼畑活動の実施場所．活動の実施場所はプロジェクト実施前後でそれぞれ有意に変化していた（Pearson's chi-square test, $p<0.001$）（Yamanoshita and Amano, 2012 より改変）．

ジェクトエリア外に活動を移動しており，全世帯の68%が隣村の土地に薪を依存する結果となっていた．活動の移動だけでなく，放牧や焼畑を完全にやめた世帯もあった．村の家畜の数はプロジェクトの開始の前後で，147頭から78頭に大きく減少していた．プロジェクトエリアで焼畑をしていた半数の世帯は完全に焼畑をやめていたが，残りの世帯は植栽した樹木の間でキャッサバ栽培を続けていた．彼らは，植栽木が成長すると日光が遮られキャッサバ栽培に適さなくなり，1, 2年後には栽培ができなくなることを認識していた．つまり活動の移動は数年後にまた発生する可能性がある．

プロジェクトによって生じた土地利用変化が住民の生活にどのような影響を与えたのかを明らかにするために，ワークショップを実施した．ワークショップ参加者は先のインタビュー調査で，プロジェクトによってもとの活動を中止または移動させたと回答した世帯から選んだ．ワークショップの結果，植林が開始されプロジェクトエリア内の土地が既存の活動のために利用できなくなってから，彼らには放牧や薪収集のためにより遠くに行く必要が生じ，

表12.2 A/R CDM プロジェクトがプロジェクト参加者と非参加者の放牧, 薪収集, 焼畑活動に及ぼした影響と解決方法. プロジェクト参加者と非参加者がそれぞれワークショップで特定した (Yamanoshita and Amano, 2012 より改変).

		放牧	薪収集	焼畑
プロジェクト前	参加者	●誰でも利用できた		
	非参加者			
プロジェクト後（現在）	参加者	●遠くに行く ●舎飼いにした ●放牧をあきらめ家畜を売った	●遠くに行く	●樹間で継続 ●数年後には継続できなくなる
	非参加者			●土地使用権がないのでやめた ●代替地で耕作 ●他人から購入
問題点	参加者	●時間・労働力がかかる ●家畜の餌不足 ●家畜飼育からの収入減少	●時間・労働力がかかる ●隣村が使えなくなると問題が生じる	●1-2年後プロジェクトエリア内で栽培できなくなるとブタの餌が不足する
	非参加者			●代替地がない ●ブタの餌不足 ●ブタ飼育からの収入減少
解決方法	参加者	●飼料生産技術を学ぶ（しかし土地が限られている）	●必要なし	●ブタの飼料生産の場所を見つける
	非参加者			

以前より多くの時間と労働力を割かなければならなくなっていた（表12.2）. さらに, 彼らはウシ・水牛の放牧やブタの餌となるキャッサバ生産をプロジェクトエリアに強く依存していたので, 餌の不足によって家畜の飼育からの収入が将来減少することを心配していた（調査時は植林実施から3カ月しか経過していなかったため, 実際に収入が減少したという報告はなかった）. 家畜の飼育は村人にとっては主な現金収入源であるので, 彼らは家畜に餌を与えるために今までとは異なった方法を見つける必要がある. 彼らの多くは, 現在は既存の活動をプロジェクトエリア外に移動させ継続しているが, そこで必要な家畜の餌を確保できなければ, 将来植林地はもとの土地利用に戻される可能性が高いだろう.

プロジェクトによって新しく村に導入された植林の実施は村の大きな土地利用変化を伴っていて, そこから生じる住民の生活に必要な活動のための土

地不足が，植林地が長期的に維持されないリスクを高めていた．A/R CDM プロジェクトにおいてこの問題を解決するためには，プロジェクト開始前に住民主体で村全体の土地利用計画を策定することが必要であろう．土地利用計画を策定すれば，その過程で植林の実施によって生じる土地不足を事前に予測することが可能になり，それに対処するために必要な活動，たとえば，植林の実施によって継続できなくなるであろう活動を代替する，家畜飼料の生産などの農業技術の導入の必要性を明らかにすることができる．しかしながら，調査対象村の住民は今まで自分たちで土地利用計画を作成した経験はなく，村のリーダーやプロジェクト開発者に意思決定を依存する傾向が強かった（表12.1）．

この村では，コミュニティ全体で話し合い合意形成することに不慣れであることが考えられる．これは，彼らが今まで長期にわたって，ベトナムという国において特徴的なトップダウンシステムの中で生活してきたことが強く影響しているのだろう．同様の報告が中国で実施されている A/R CDM プロジェクトでも報告されている．このプロジェクトでは，参加を予定していたいくつかのコミュニティは土地利用に関する合意を形成することができず，最終的にプロジェクトへの参加を断念していた（Gong et al., 2010）．合意形成の能力は，コミュニティ内で植林地を保全するためのルールの策定や役割分担にも関わってくる．さらにコミュニティに合意形成に必要な能力が備わっていれば，森林を長期間管理していく中で発生する問題に対しても自ら対処できるようになるはずであり，植林に不可欠な能力であると考えられる．

(4) 持続的な森林管理のためのケイパビリティ

本調査で得られた情報をケイパビリティとそれを構成する機能という観点から整理すると，調査対象村の住民には，カーボンクレジットを発行する A/R CDM プロジェクトにおいてとくに重要となる，森林を持続的に管理するために必要なケイパビリティが十分備わっていないと考えることができる．プロジェクト開始前の住民は，植林技術や知識，資金といった機能の欠如によって森林を管理するケイパビリティを有していなかった，つまり，彼らの土地利用選択肢のリストには植林地という選択肢は含まれていなかったためにこれまで自主的に植林を行うことはなかった，とみなすことができる．

その後，プロジェクトにおいてそれらの機能を補ったにもかかわらず，植林地が持続的に管理されないリスクは残っていた．住民はプロジェクトによって植栽は達成したものの，自分たちの力で森林を維持することはできない可能性があることから，植林地はいまだ彼らの土地利用選択肢ではないと考えられる．植林技術や資金提供の重要性はすでに認識されており，多くの植林プロジェクトにおいて住民に対する技術トレーニングと資金的支援が行われてきている．しかし，これらは持続的な森林管理のケイパビリティを構成する重要な機能であるものの，それだけでは十分ではなく，本調査で明らかになったような土地利用計画策定のための合意形成能力や，植林の実施によって継続できなくなる活動を代替する農業技術など，植林とは直接的に関係がないように見える機能やケイパビリティにも着目し，何が不足しているのかを明らかにしたうえで，それらを向上する必要があることが明らかになった．

12.6 住民のケイパビリティ向上の必要性

A/R CDM は，経済的なインセンティブによって途上国農村部のコミュニティが森林という土地利用をそのほかの競合する土地利用オプションから選択するように，誘導することを目的にしている．これまでの A/R CDM の議論では，「植林から発行されるカーボンクレジットがいくらであれば，住民がさまざまな土地利用選択肢から植林という土地利用を選択するか」という議論がさかんに行われてきた（Rocha, 2008；Lasco et al., 2010；Tal and Gordon, 2010）．しかし，ベトナムの A/R CDM プロジェクトの事例から，コミュニティが森林を持続的に管理するために必要なケイパビリティを有していなければ，彼らは新しい制度によって提供されたカーボンクレジットからの収入という新しい機会を有効に活用することができず，制度の効果も上がらないことが明らかになった．

また，ケイパビリティに着目することで，制度の実施前にどのような能力向上を実施する必要があるのかを明確にすることができる．森林を持続的に管理するケイパビリティは森林管理技術に直接関係する知識や能力にとどまらず，多岐にわたる能力によって構成される．さらに，コミュニティのもつ

文化や取り巻く環境はそれぞれ異なり，コミュニティが有している，あるいは不足しているケイパビリティや機能は多様である．

A/R CDM プロジェクト開発では，プロジェクトの早い段階で対象の植林の実施主体であるコミュニティに必要なケイパビリティと機能を特定し，準備段階として植林実施に先駆けてケイパビリティの開発を行う必要がある．そうすることで，森林管理の持続性が担保され，A/R CDM プロジェクトが温暖化防止に貢献することができるようになるだろう．さらに，A/R CDM プロジェクトによって向上された地域住民のケイパビリティは，植林活動だけにとどまらず彼らの生活の中で活用されることが期待でき，地域の持続的な発展にも貢献することが可能になるはずである．

地球温暖化問題の解決において，カーボンクレジットなどのインセンティブの活用は重要なアプローチの1つである．途上国も含めた世界全体でのGHG削減を実現するためには，クレジット価格のような経済的な便益の大きさだけでなく，GHG削減プロジェクトに関与する人々のそれぞれに異なるケイパビリティに着目し，その向上を支援することが不可欠である．

引用文献

Chao, S. 2012. Forest Peoples : Numbers across the World. Forest Peoples Programme, Moreton-in-Marsh.

FAO. 2010. Global Forest Resource Assessment 2010 Main Report. FAO, Rome.

Gong, Y. Z., G. Bull and K. Baylis. 2010. Participation in the world's first clean development mechanism forest project : the role of property rights, social capital and contractual rules. Ecological Economics, 69 : 1292-1302.

Harris, N. L., S. Brown, S. C. Hagen, S. S. Saatchi, S. Petrova, W. Salas, M. C. Hansen, P. V. Potapov and A. Lotsch. 2012. Baseline map of carbon emissions from deforestation in tropical regions. Science, 336 : 1573-1576.

IPCC. 2007. Climate Change 2007 : Working Group III : Mitigation of Climate Change. Cambridge University Press, Cambridge.

JICA. 2009. ベトナム社会主義共和国気候変動対策の森林分野における潜在的適地選定調査詳細計画策定調査報告書．国際協力機構，東京．

Kissinger, G., M. Herold and V. De Sy. 2012. Drivers of Deforestation and Forest Degradation : A Synthesis Report for REDD+ Policymakers. Lexeme Consulting, Vancouver.

小林紀之．2008．温暖化と森林 地球益を守る――世界と地域の持続可能ビジョン．日本林業調査会，東京．

Kumar, S. 2003. Methods for Community Participation：A Complete Guide for Practitioners. ITDG Publishing, UK.

Lasco, R. D., R. S. Evangelista and F. B. Pulhin. 2010. Potential of community-based forest management to mitigate climate change in the Philippines. Small-Scale Forestry, 9：429–443.

温室効果ガスインベントリオフィス．2012．日本国温室効果ガスインベントリ報告書．環境省地球環境局総務課低炭素社会推進室，東京．

Rocha, M. T. 2008. Is there a rople or even a future in the post-2012 regime？ *In*（Olsen K. H. and J. Fenhann, eds.）A Reformed CDM. pp. 173–183. UNEP Riso Centre, Roskilde.

セン，A．1999．不平等の再検討．岩波書店，東京．

スティグリッツ，J. E. 2003．公共経済学（上）．東洋経済新報社，東京．

Tal, A. and J. Gordon. 2010. Carbon cautious：Israel's afforestation experience and approach to sequestration. Small-Scale Forestry, 9：409–428.

UN. 1998. Kyoto Protocol to the United Nations Framework Convention on Climate Change. United Nations.

UNFCCC. 2011. Report of the Conference of the Parties on its Seventeenth Session, held in durban from 28 november to 11 december 2011. FCCC/CP/2011/9/Add.1.

Yamada, M., A. Sasaki and T. Nakamura. 2009. Project Design Document for Cao Phong Reforestation Project（Project No 2363）. CDM Executive Board, UNFCCC.

Yamanoshita, M. Y. and M. Amano. 2012. Capability development of local communities for project sustainability in afforestation/reforestation clean development mechanism. Mitigation and Adaptation Strategies for Global Change, 17：425–44.

終　章　　　　　　　　　　　　　　　　　　　　小島克己
生物資源環境学のめざすもの

　アジアの生物資源と環境に関する課題や研究の方法は多様であり，本書によりその多様性がわかっていただけたと思う．しかし，本書によってもその多様な課題や研究の方法の一端を示したに過ぎない．

1　生物資源間の相互作用

　生物資源が存する環境，生態系は森林，水田，畑，湖沼，河川，海洋と多岐にわたる．生物資源の種類によって異なる学術分野が確立し，最近まで相互に関係をもたず学術分野が細分化され深化してきた．たとえば森林・樹木を対象として林学，林産学が発達してきたが，林学者や林産学者は水田や畑や海洋には関心をもたずに，自らの対象である森林，樹木あるいは木材，木質バイオマスの研究を行ってきたわけである．

　しかし近年，生物資源の1つ1つが，それが存する環境や生態系との相互作用を通じ，隣接する生態系に影響を及ぼし，その影響がほかの生物資源のありように影響を与えていることが注目されている．たとえば樹木は，森林生態系の炭素固定機能を通じ大気二酸化炭素濃度の安定化に寄与しており，樹木の伐採，火災などによる森林の劣化は，地球温暖化のリスクを高くする．地球温暖化やそれに伴う気候変動は作物の生産性に大きな影響を与える．また日本の里山のように，農業やそのほかの生業，生活に必要な生物資源を採取していた森林は，その生物資源利用により生態系が維持されてきたが，耕地利用の方法の変化が森林のありように影響を与え，生物多様性の変化をもたらすこともある．森林や耕地からの栄養塩類や有機物の流出は河川生態系や沿岸海洋生態系の維持に大きな影響を与えているが，肥料や農薬などの人

為起源物質の流出がこれらの生態系に影響を与え，環境問題を引き起こすこともある．

　生物資源の持続的な利用のためには，それぞれの生物資源の維持だけではなく，これらの生物資源間相互の影響を考慮に入れる必要がある．生態学や水文学などの分野で生態系の内外での物質循環やエネルギーの流れが研究されてきた．序章でも述べたが，生態系内，生態系間を流れるエネルギーの源は太陽エネルギーであり，植物の光合成による太陽エネルギーの変換・固定が入口である．この光合成により生産された有機物が，生物によって変換されながら生態系内，生態系間を流れる．光合成産物やそれらが変換された産物の一部を私たちは生物資源として利用しているのである．このエネルギーの流れは，作物の収穫によって終わるわけではない．収穫されない部分はどうなるのか，虫や動物に食べられたものはどうなるのか，土にしみ込み川に流れ出たものはどうなるのか．

　植物の栄養となる窒素などの無機養分は，エネルギーと異なり流れるだけでなく生態系内を循環する．物質ごとに異なる流れや循環があり，また人為的な化学物質の付加もある．これらのエネルギーの流れや物質循環について，私たちはすべてを把握できているわけではない．生物資源の利用やその変化がこれらにどのような影響を与えるのかを予測することはとても難しい．生物多様性への影響予測はさらに困難である．

　しかし，1つ1つの生物資源にだけ焦点を合わせ，その持続性を検討したとしても，それは真の持続性を検討したことにはならない．この生物資源間相互の影響を意識し，広い視野と豊かな感性をもって，個別の生物資源を扱うそれぞれの研究者が生物資源と環境に関する1つ1つの課題に取り組んでいかなくてはならない．本書の著者は，複数の生物資源を扱ったり，複数の方法論により生物資源と環境の問題を扱ったりした経験がある人ばかりであり，生物資源間相互の影響を意識して，それぞれの課題を解説している．本書を通読し，著者らの経験を追体験することにより，読者も生物資源と環境に関する広い視野を身につけていただけたと思う．

2 生物機能の活用

　生物資源利用の持続性の確保が困難である低収量地域での生物生産技術は，序章で述べたように，低投入の方法でなければならず，大規模な土木工事や土壌改良などの基盤整備，農薬や肥料の多投は避けるべきである．また，荒廃地の環境修復の技術も同様に低投入の方法でなければならない．そのためには，生物の機能を活用した技術の開発が求められる．

　生物の機能の活用というと，遺伝子組換えによる新品種の作出を思い浮かべるかもしれないが，環境と調和した低投入技術として実用化された新品種はなく，遺伝子組換えによる新品種の作出は難しい．また，遺伝子組換え植物の実用化に際しては，厳しい安全性のチェックが必要であり，実用化までには時間がかかる．安全で効果的な新品種を開発するためには，まずは付与すべき性質についての分子機構の詳細な研究を積み重ねるべきであろう．

　分子機構の研究となると，さまざまなゲノム情報が集積しているシロイヌナズナなどのモデル植物を研究に用いることが多い．しかし，たとえばアジアの劣悪土壌荒廃地の環境修復や複合的な環境ストレスが生じる低収量地域での生産性の向上を目指す際には，これらのモデル植物の環境ストレス耐性を超える耐性などの形質の付与が求められる場合があり，モデル植物を用いた研究には限界がある．劣悪土壌荒廃地に自生する野生植物や低収量地域での在来の栽培品種の中には，これらの求められる性質をもっている種や品種が存在する可能性があり，現地フィールドでの丹念な観察や栽培実験が必要になる．

　また，実験室での実験植物の栽培環境と現地フィールドの環境が乖離しているため，遺伝子組換えにより付与された形質が，現地フィールドでの環境ストレス耐性や生産性の向上に寄与しないというようなことが起こる．環境から乖離した新品種開発だけの単純な成果を求めるのではなく，在来品種へ視点を向けることや環境との関連の中で形質の付与を考えることが重要だ．作物品種と栽培環境と栽培技術は相互に影響を与えるものであり，これをふまえた地道な研究を行っていく必要がある．

　野生植物は，作物の在来品種よりもさらに研究材料としては扱いにくい．栽培されていないのであるから，環境応答などの知見もなく，一から生態的，

生理的性質を明らかにしていく必要がある．DNA 解析技術の進歩により，生態現象の解明が容易になってきた．種の生態的性質の解明と栽培実験による生理機能の解明を組み合わせた手法で研究を進める必要がある．実験室にとどまっていては現実の課題を解決できない．

3　総合化の視座

　現地の環境に適合した新品種，栽培技術が開発できたとしても，社会経済条件などに適合的でないものは，実際には採用されない．生物資源利用の持続性を確保するためには，地域の自然環境やこれまでの土地利用の歴史をふまえ，さらに生物資源間，生態系間の相互作用を考慮して新技術の適用範囲を検討し，地域の土地利用計画を立てる必要がある．土地利用計画は政策であり，また，地域住民の土地利用選択の裁量範囲が広い．そのため研究者，とくに国外の研究者が直接土地利用計画を策定し，実施に関与することはできないが，政策決定や住民の土地利用選択が誤った方向に向かないように，公正な知識，知見の提供によって積極的に貢献すべきだろう．

　地域の社会経済条件に適合した生物資源の持続的利用システムを構築するためには，地域の社会，経済に関する理解を深める必要があり，社会科学分野の研究者との協業が必要になってくる．また，歴史，文化に関する理解が必要になり，人文科学分野あるいはこれらを包含したエリア・スタディーズ（地域研究）の研究者との協業が有効になるかもしれない．しかし，協業，共同研究というのは，文理融合型でなくても，じつは大変難しい．研究者によって興味の対象が大きく異なるので，成果の統合ができないのである．

　持続的な生物資源の利用を目指すのであれば，まずは人に頼るのではなく，自然科学分野を専門とする者も自ら社会科学分野や人文科学分野の成果を理解し，取り入れていくべきだろう．最初は生半可な知識を吸収することから始めてもよい．他者を理解する心を失っていなければ，対話が成立し，協業に発展することもあるだろう．これは，個々の生物資源の研究者がほかの生物資源の研究成果を理解する場合でも同じである．イネの専門家が森林学の成果を理解し，樹木の専門家が海洋学の成果を理解する．それらの基盤があって学問の成果の統合が行われ，生物資源環境学が確立すると考えている．

持続可能であることは，すなわち永遠を意味しており，将来世代にわたる資源利用の公平性を目指さなくてはならない．また，アジアで得られた成果を世界の他地域でも展開し，地域を越えた普遍性を目指さなくてはならない．生物資源環境学の目指す地平は遠いが，多くの人とともに歩んでいきたい．

おわりに

　全3部12章立ての構成として一冊の本に綴られたものの，本書を読まれた方々の中には各章で取り上げられている内容の幅の広さに戸惑いを覚えた方も少なくないのではないかと思う．森の話もあれば海の話もあり，景観認識の話もあれば遺伝子解析の話もあるという対象の幅の広さもさることながら，その切口も，利用，評価，修復など，さまざまである．それほどに広汎な内容を含む学問ではあるが，個々が無関係なのではなく，生物資源の持続的利用という一本の糸で綴られる学問である．

　本書は東京大学アジア生物資源環境研究センターがこれまでに進めてきた研究活動の成果をその活動方針の紹介を交えながらとりまとめたものである．本センターはアジア各地で進行する生物資源の枯渇や環境破壊をくい止めるために，生物資源の持続的利用と環境保全の調和に関する基礎研究と応用的基盤研究を，国際的ネットワークを活用しながら，統合的に推進することを目的として1995年に設立された．実際に問題が発生しているアジアの諸地域に出向いて現地の研究者と協働して問題を抽出し，対策のための研究を進めてきた．それらの成果を紹介することを通して多くの方々に生物資源環境学の一端に触れて頂き，願わくはこの研究領域に関心を抱き，ともに携わる仲間を増やしたいという思いから本センターとして本書の刊行を計画した．これまでに本センターに所属して研究を行ってきた教員や研究員およびそれらの人々とともに研究を進めてきた研究者に執筆をお願いした．分野・方法論が多岐にわたるとはいえ一冊の本とするには枠組みが必要であり，多少の無理があるのを承知で内容を構成し，執筆を依頼した．さらに専門外でも理解できるようにできるだけ平易な記述をお願いしたので，執筆者の方々はかなり苦労をされたのではないかと思う．

　本書の計画の時点から刊行に至るまで数々の助言を頂くとともに辛抱強く叱咤激励していただいた，東京大学出版会編集部の光明義文氏がおられなければ，本書が棚に並ぶことはなかった．心より厚く御礼申し上げる．また，

本書が刊行に至るまでのかずかずの工程に関わってくださったすべての方々にも，この場を借りて感謝申し上げる．

2013年5月

代表編者
則定真利子・小島克己

索引

A/R CDM　219, 222
CDM　218, 219
DNA マーカー　86, 93, 178
EST　106
FOX ハンティング法　107
GHG 排出削減　218
HAB　186
IPBES　40
Na$^+$/H$^+$ アンチポーター　102
PCR　106, 144
PES　47
QTL（解析）　92, 94, 178
SAGE 法　107
SOS 機構　105
SSR マーカー　93
TEEB　46

ア 行

愛知ターゲット　33, 157
赤潮　184
赤潮形成機構　186
アグロフォレストリー　40
アーバスキュラー菌根　120
アブラヤシ　15, 34, 202
アリル　91
アルカリ性土壌　109
育種目標　101
育苗　17, 25
育林　17
遺伝子攪乱　143
遺伝子型　147
遺伝子組換え作物　90
遺伝資源　36, 85, 102
遺伝子座　143
遺伝子浸透　90
遺伝子多型　143

遺伝子多様性　141
遺伝子発現プロファイリング　107
遺伝子流動　141
遺伝的侵食　90
遺伝的分化　142
遺伝マーカー　143
稲作生態系　173
インセンティブ論　220
インディカ（米）　87, 173
浮稲　88
渦鞭毛藻　189-192
エピスタシス　91, 94, 178
エリコイド菌根　122
塩性植物　103
塩類集積土壌　108
温室効果ガス　203, 217
温室効果ガス排出削減　203

カ 行

外生菌根菌　26, 121
外生菌根菌群集　130
海草藻場　155
外部経済　179
海洋保護区　157
外来樹種　160
改良品種　90
化学肥料　35, 85
攪乱　125
過湿ストレス　21
過剰アルミニウム　23
過剰光エネルギー　24
活着率　209
過放牧　109
カーボンクレジット　218
カーボンニュートラル　61, 203
カリウムトランスポーター　115

242　索引

灌漑水田　173
灌漑農業　108
環境修復・維持機能　13
環境ストレス　18, 101, 206
環境ストレス耐性　102
環境ストレス耐性植物　101
環境造林　13
環境負荷　17
乾燥ストレス　20
記憶喪失性毒　186
気候変動枠組条約　61, 218
寄生　120
機能性スクリーニング　107
共生　120
強度　53
京都議定書　61, 218
京都メカニズム　218
近縁野生種　88
菌根　120
菌根菌　120
菌糸　124
菌糸（菌根菌）ネットワーク　127
菌類　120
組換え近交系　92
クリーン開発メカニズム　218
景観　66, 77, 181
景観描画　66
経済的インセンティブ　47
形質転換植物　103
珪藻　194
ケイパビリティ　221, 228
下痢性毒　186
合意形成　228
高温ストレス　19
硬化処理　21, 26
光合成　1, 23, 58, 119
光合成産物　1, 122, 137
洪水頻発水田　173
酵素　124
構造遺伝子　178
交配育種　86
荒廃地　14, 132
交配様式　142
高付加価値化　210

極耐性野生植物　112
コーラル・トライアングル　156
根系の発達　26
混植栽培　38

　　　サ　行

再生可能　1
栽培品種　235
細胞壁　54
在来品種　2, 90
作況指数　167
サステイナブルツーリズム　64
砂漠化　101
サブトラクション法　106
サンプリング効果　36
ジェネット　147
シガテラ毒　186, 195
シグナル伝達　103
自己領域形成　79
自殖　92
次世代シークエンサー　107
自然共生社会　47
自然変異　90
持続可能　2
持続可能な農業集約化　35
持続性　206, 212
実収量　169
ジャポニカ（米）　87, 173
集団の遺伝構造　142
収量　2, 166, 167
樹種選抜　24
純一次生産量　205
循環材料　55
純系分離　85
植栽　17
植生回復　113
植生遷移　112, 128
食遷移　174
植物遺骸　22
植物遺体　200
自律の回復レベル　32
森林管理　217
森林減少　217

森林資源　217
水上市場　72
水稲　87
ストレス耐性機構　104
寸法変化　56
生態系機能　36
生態系供給サービス　36
生態系サービス　14, 36, 217
生物資源環境学　1
生物多様性　32, 134
生物多様性条約　32
絶滅危惧種　134
セルロース　54
先駆種　130
先行造林　27
早生樹　134
相対成長式　209
送粉サービス　39

タ　行

耐塩性機構　105
対向輸送体　102
対立遺伝子　143
達成可能収量　169
多面的機能　5
タルン　42
単一栽培　38
炭酸塩　109
湛水ストレス　206
炭素吸収源　201
炭素固定機能　233
炭素ストック　201
炭素蓄積機能　13
炭素貯蔵機能　59
地域活性化　71
地域住民　218
地域認識　65
地拵え　27
窒素　122
調湿機能　55
潮汐水田　173
直播栽培　176
貯蔵炭水化物　25

低酸素水塊　184
低酸素ストレス　21
泥炭　200
泥炭沈下　204
泥炭土壌　200
低投入　3, 18, 39
ディファレンシャルディスプレイ法　106
適応　25
適応的反応　21
適合溶質　102, 104
転写因子　178
天水田　173
土壌の化学性　23, 28
土壌の物理性　23, 28, 109
土壌養分　122
土壌養分環境　22
土地生産性　34
土地の生産力　14
土地利用　225
土地利用計画　228, 236
ドーモイ酸　194
トレーサー　137

ナ　行

二酸化炭素放出　202, 204
ニセアカシア　160
ニュープラントタイプ　174
熱帯泥炭湿地　201
熱帯林　32
粘土団子法　114
農家参加型　179
農業限界地　2
農業生産システム　32, 165, 166
農業生態系　166
農業の多面的機能　179
農薬　35, 85

ハ　行

バイオ燃料　34, 203
ハイブリッドライス　173, 174
発育モデル　96
パッチ　110

244　索引

ハプト藻類　191
バラスト水　190, 193, 197
ハロー　176
繁殖様式　142
光硬化処理　27
比強度　53
非菌根性　126
微細藻類　184
表層土壌　22, 40, 119
表土　22
品種改良　85
ファーミングシステム　178
富栄養化　193
深水稲　87
深水水田　173
腐生　120
フタバガキ林　132
物質循環　122, 234
物質転流　137
分子育種　102
ヘミセルロース　54
ポストハーベストテクノロジー　175
ホスピタリティ・ディベロップメント　79
ホスピタリティ表現　79
ポテンシャル収量　169

マ　行

マイクロアレイ　106
マイクロサテライト　144
マイクロサテライトマーカー　144
埋土胞子　129
麻痺性中毒　191
麻痺性毒　186
マングローブ（林）　103, 150
緑の革命　2, 85, 169

無機化合物　123
無葉緑植物　129
木質バイオマス　52
モデル植物　103, 235

ヤ　行

焼畑　225
野生植物　235
有害赤潮　185
有害有毒微細藻類　184
有機化合物　123
有機酸　124
有機物　1, 119
有機物質　113
有毒微細藻類　186, 191
優良品種　85
養殖漁業　184
養分循環　40

ラ　行

ライフサイクル・アセスメント　60
落葉落枝　41
ラフィド藻　191
ラメット　147
ランド・シェアリング　34
ランド・スペアリング　34
陸稲　87
陸稲畑　173
リグニン　54
量的形質　92
量的形質遺伝子座　92
リン　122
レッドリスト　134

執筆者一覧 (執筆順，所属は執筆時)

小島 克己（こじま・かつみ） ［所属］東京大学アジア生物資源環境研究センター
［分担］はじめに，序章，第11章，終章，おわりに，［専門］樹木生理学

則定真利子（のりさだ・まりこ） ［所属］東京大学アジア生物資源環境研究センター
［分担］はじめに，第1章，おわりに，［専門］樹木環境生理学

大久保 悟（おおくぼ・さとし） ［所属］東京大学大学院農学生命科学研究科
［分担］第2章，［専門］地域生態学

井上 雅文（いのうえ・まさふみ） ［所属］東京大学アジア生物資源環境研究センター
［分担］第3章，［専門］環境材料設計学

足立 幸司（あだち・こうじ） ［所属］秋田県立大学
［分担］第3章コラム，［専門］木材加工学

堀 繁（ほり・しげる） ［所属］東京大学アジア生物資源環境研究センター
［分担］第4章，［専門］地域資源計画学

根本 圭介（ねもと・けいすけ） ［所属］東京大学大学院農学生命科学研究科
［分担］第5章，［専門］栽培学

高野 哲夫（たかの・てつお） ［所属］東京大学アジア生物資源環境研究センター
［分担］第6章，［専門］植物ストレス生理学

奈良 一秀（なら・かずひで） ［所属］東京大学大学院新領域創成科学研究科
［分担］第7章，［専門］共生生態学

呉 炳雲（ご・へいうん） ［所属］東京大学大学院農学生命科学研究科
［分担］第7章コラム，［専門］共生生理学

練 春 蘭（れん・しゅんらん）　［所属］東京大学アジア生物資源環境研究センター
　　　　　　　　　　　　　　［分担］第8章，［専門］分子生態遺伝学

木 村 　 恵（きむら・めぐみ）　［所属］森林総合研究所
　　　　　　　　　　　　　　［分担］第8章コラム，［専門］分子生態遺伝学

鴨 下 顕 彦（かもした・あきひこ）　［所属］東京大学アジア生物資源環境研究センター
　　　　　　　　　　　　　　［分担］第9章，［専門］作物学

福 代 康 夫（ふくよ・やすお）　［所属］東京大学アジア生物資源環境研究センター
　　　　　　　　　　　　　　［分担］第10章，［専門］沿岸海洋環境学

都 丸 亜 希 子（とまる・あきこ）　［所属］東京大学アジア生物資源環境研究センター
　　　　　　　　　　　　　　［分担］第10章コラム，［専門］沿岸海洋環境学

山 ノ 下 卓（やまのした・たかし）　［所属］東京大学アジア生物資源環境研究センター
　　　　　　　　　　　　　　［分担］第11章コラム，［専門］樹木生理学

山ノ下麻木乃（やまのした・まきの）　［所属］公益財団法人地球環境戦略研究機関
　　　　　　　　　　　　　　［分担］第12章，［専門］環境管理計画学

代表編者略歴

則定真利子（のりさだ・まりこ）

1969 年	生まれる．
1997 年	東京大学大学院農学生命科学研究科博士課程修了．
現　在	東京大学アジア生物資源環境研究センター助教，博士（農学）．
専　門	樹木環境生理学．
主　著	『熱帯荒廃地の環境造林』（共著，2006 年，『熱帯林業』第 66 巻），ほか．

小島克己（こじま・かつみ）

1960 年	生まれる．
1990 年	東京大学大学院農学系研究科博士課程単位取得退学．
現　在	東京大学アジア生物資源環境研究センター教授，博士（農学）．
専　門	樹木生理学．
主　著	『岩波講座地球環境学 6　生物資源の持続的利用』（共著，1998 年，岩波書店），『熱帯生態学』（共著，2004 年，朝倉書店），ほか．

アジアの生物資源環境学──持続可能な社会をめざして

2013 年 7 月 5 日　初　版

［検印廃止］

編　者　東京大学アジア生物資源環境研究センター

発行所　一般財団法人　東京大学出版会
　　　　代表者　渡辺　浩

113-8654 東京都文京区本郷 7-3-1 東大構内
電話 03-3811-8814　Fax 03-3812-6958
振替 00160-6-59964

印刷所　株式会社三秀舎
製本所　矢嶋製本株式会社

© 2013 Asian Natural Environmental Science Center
ISBN 978-4-13-071106-7　Printed in Japan

JCOPY 〈(社)出版者著作権管理機構 委託出版物〉
本書の無断複写は著作権法上での例外を除き禁じられています．
複写される場合は，そのつど事前に，(社)出版者著作権管理機構
（電話 03-3513-6969，FAX 03-3513-6979，e-mail:info@jcopy.or.jp）
の許諾を得てください．

〈知〉の統合による地球持続性への挑戦

小宮山宏・武内和彦・住 明正・
花木啓祐・三村信男［編］

サステイナビリティ学

[全5巻] ●体裁：A5判・横組・平均200ページ・ソフトカバー装
●定価：各巻2400円（本体価格）

①サステイナビリティ学の創生
②気候変動と低炭素社会
③資源利用と循環型社会
④生態系と自然共生社会
⑤持続可能なアジアの展望